彩图 3　美国本黑水貂

彩图 4　金州黑色标准水貂

彩图 5　蓬莱黑色标准水貂

彩图 6　大虞黑色标准水貂

彩图 7　丹麦红眼白水貂

彩图 8　蓝宝石水貂

彩图 9　银蓝色水貂

彩图 10　米黄色水貂

彩图 11　珍珠色水貂

彩图 12　咖啡色水貂

彩图 13　黑十字水貂

彩图 14　丹麦深棕色水貂

彩图 15　丹麦浅棕色水貂

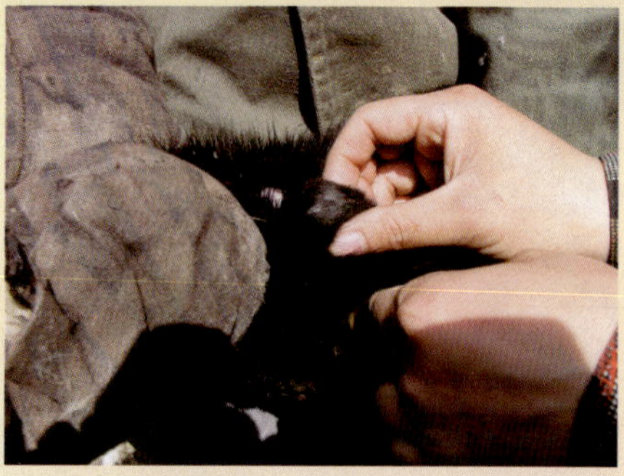

彩图 16　触摸检查公貂睾丸发育

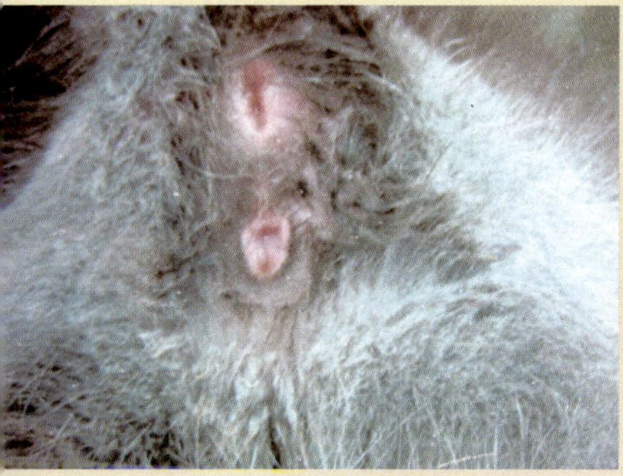

彩图 17　母貂发情期外阴形态

彩图 18　公貂达成交配的体姿

彩图 19　公貂的射精动作

彩图 20　母貂妊娠体态

彩图 21　产箱火焰消毒

彩图 22　产仔前棚舍、笼箱大消毒

彩图 23　铁网围草产仔保温

彩图24　产箱通风降温
（张书军摄）

彩图 25　仔貂吃饱初乳

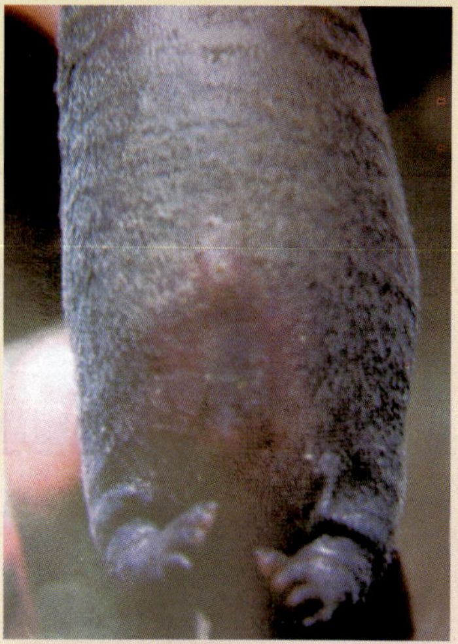

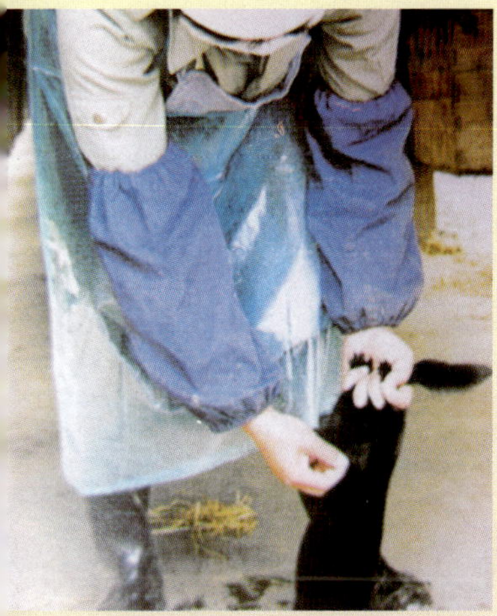

彩图 26　检查母貂乳头

彩图 27　母貂叼回代养仔貂

彩图 28　给母、仔貂补饲

彩图29　临近分窝的小仔貂　（宋怀宁摄）

彩图 30　异性刺激

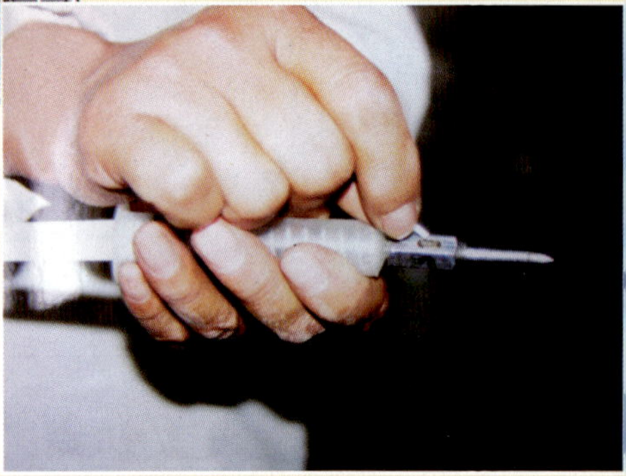

彩图 31　褪黑激素埋植器

彩图 32　水貂棚舍栋口外观

彩图 33　辽宁金州珍贵毛皮动物公司水貂场棚舍

彩图 34　国内外资水貂场棚舍

彩图35　金州水貂场新改建的标准笼箱

彩图 36　吉林外资貂场宽式棚舍

彩图 37　丹麦水貂场笼箱（张书军摄）

彩图 38　金州水貂场饲料加工室

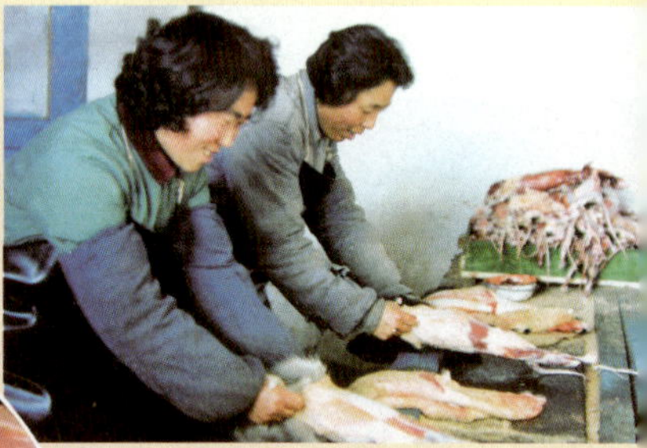

彩图 39　筒状剥皮

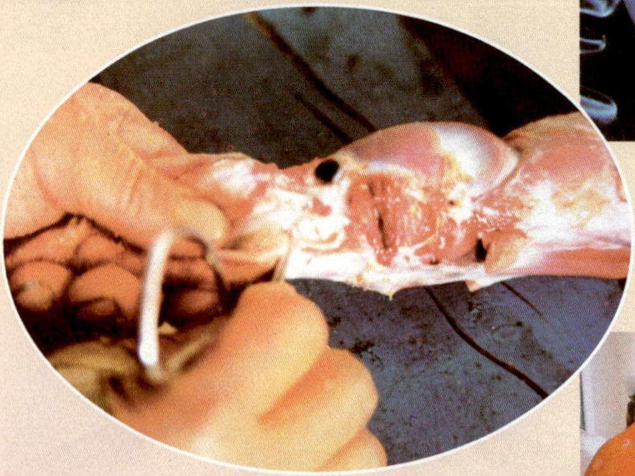

彩图 40　剥离头皮割眼嘴

彩图 41　手工刮油

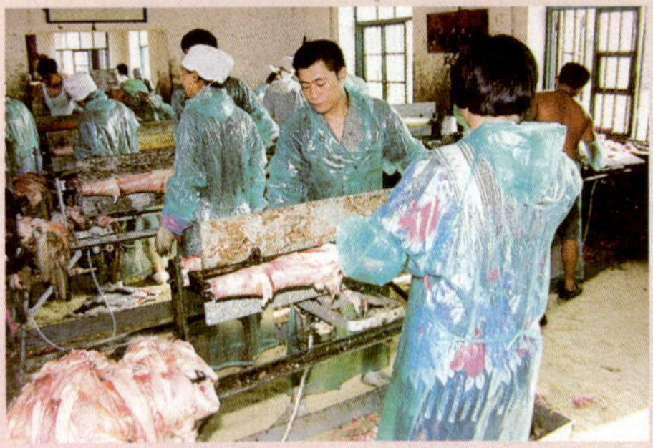

彩图 42　机械刮油

彩图 43　吹风干燥

建设新农村农产品标准化生产丛书

水貂标准化生产技术

主　编
佟煜仁　张志明
副主编
谭书岩　张克成　庄洪民

编　著
王玉俊　刘　蜜　宋延平
张爱东　赵芳庭　南国梅
谭树良　谭绪成　谭绪富
谭树萍　花召栋　谭廷波

金盾出版社

内 容 提 要

本书由中国农业科学院特产研究所佟煜仁研究员及大连市金州珍贵毛皮动物公司张志明高级畜牧师主编，内容包括：水貂标准化生产的概念，优良水貂类型的标准，繁殖技术标准化，水貂种群选育技术标准化，饲养技术标准化，各生产时期饲养管理技术规程，貂场管理标准化，产品标准化，疾病防治标准化。本书内容翔实、技术先进、结构严谨、形式新颖，适于水貂养殖场管理和技术人员、个体水貂养殖户、水貂皮收购、销售人员阅读，亦可供相关大专院校师生参考。

图书在版编目(CIP)数据

水貂标准化生产技术/佟煜仁，张志明主编.—北京：金盾出版社，2007.3
(建设新农村农产品标准化生产丛书)
ISBN 978-7-5082-4442-6

Ⅰ.水… Ⅱ.①佟…②张… Ⅲ.水貂-饲养管理-标准化
Ⅳ.S865.2

中国版本图书馆 CIP 数据核字(2007)第 004670 号

金盾出版社出版、总发行
北京太平路 5 号(地铁万寿路站往南)
邮政编码：100036 电话：68214039 83219215
传真：68276683 网址：www.jdcbs.cn
彩色印刷：北京百花彩印有限公司
黑白印刷：北京天宇星印刷厂
装订：北京天宇星印刷厂
各地新华书店经销

开本：787×1092 1/32 印张：5 彩页：8 字数：106 千字
2008 年 10 月第 1 版第 2 次印刷
印数：11001—19000 册 定价：7.00 元

序　言

随着改革开放的不断深入，我国的农业生产和农业经济得到了迅速发展。农产品的不断丰富，不仅保障了人民生活水平持续提高对农产品的需求，也为农产品的出口创汇创造了条件。然而，在我国农业生产的发展进程中，亦未能避开一些发达国家曾经走过的弯路，即在农产品数量持续增长的同时，农产品的质量和安全相对被忽略，使之成为制约农业生产持续发展的突出问题。因此，必须建立农产品标准化体系，并通过示范加以推广。

农产品标准化体系的建立、示范、推广和实施，是农业结构战略性调整的一项基础工作。实施农产品标准化产生，是农产品质量与安全的技术保证，是节约资源、减少农业资源污染的有效途径，是品牌农业和农业产业化发展的必然要求，也是农产品国际贸易和农业技术国际合作的基础。因此，也是我国农业可持续发展和农民增产增收的必由之路。

为了配合农产品标准化体系的建立和推广，促进社会主义新农村建设的健康发展，金盾出版社邀请农业生产和农业科技战线上的众多专家、学者，组编出版了《建设新农村农产品标准化生产丛书》。“丛书”技术涵盖面广，涉及粮、棉、油、肉、奶、蛋、果品、蔬菜、食用菌等农产品的标准化生产技术；内容表达深入浅出，语言通俗易懂，以便于广大农民也能阅读和使用；在编排上把农产品标准化生产与社会主义新农村建设巧妙地结合起来，以利于农产品标准化生产技术在广大农村和广大农民群众中生根、开花、结果。

我相信该套“丛书”的出版发行，必将对农产品标准化生产技术的推广和社会主义新农村建设的健康发展发挥积极的指导作用。

王连铮

2006 年 9 月 25 日

注：王连铮教授是我国著名农业专家，曾任农业部常务副部长、中国农业科学院院长、中国科学技术协会副主席、中国农学会副会长、中国作物学会理事长等职。

前　言

我国珍贵毛皮动物——水貂饲养业，至今年(2006)恰好历经半个世纪的历史了。优质的水貂皮产品(彩图 1)不仅被制作成多姿多彩的裘皮服装(彩图 2)，而且琳琅满目的饰品也越来越多。其销售对象已从高贵走向大众。广阔的市场需求给这一饲养业带来了可持续发展前景。

半个世纪以来，我国水貂饲养业已取得长足发展和科技进步。但由于起步较晚和以民间散户生产方式为主，集约化、产业化发展滞后。尤其标准化管理、生产尚处于起步阶段。目前，水貂饲养业的标准匮缺，除水貂皮国家曾发布过国家标准(GB/T　14789-93)、行业标准以外，其他内容的标准均缺无。

我国加入世界贸易组织以后，水貂饲养业正面临着和国际接轨的机遇和挑战。加强本行业的标准制定和标准化推行，已成为迫在眉睫的任务。

山东省潍坊市水貂良种场是国内专业养殖规模最大的基地，是山东省毛皮动物养殖工程技术研究中心。为了向标准化目标奋进，在潍坊市奎文区科技局、畜牧局的倡导下，2002年组织专业技术人员在总结多年饲养经验的基础上，参照国内外技术资料编撰了“水貂、狐标准化养殖技术”手册。经驻场技术顾问、中国农业科学院特产研究所佟煜仁研究员审定后，作为教材资料重点在山东省内开展了水貂、狐标准化养殖技术的宣传和培训。2005 年这一培训内容又被列入国家星火计划，成为全国性培训项目(项目编号:2005 EA 740032)。

为了便于与全国同行广泛交流，共创我国水貂饲养业标准化的佳绩，在经过进一步修改、补充和提高的基础上，原来的小册子就脱颖而出，成为《水貂标准化生产技术》和《狐标准化养殖新技术》两本书了。

本书内容尚称不上国内水貂饲养业的具体标准，只是向标准化目标迈进进行了尝试，即把水貂养殖技术用规程或规则的形式来体现。由于编著者水平有限，标准资料又匮缺，故书中疏漏和欠妥之处在所难免，敬请业内同行多加指正。

本书编辑出版过程中承蒙山东省科技厅、潍坊市奎文区科技局、畜牧局重视与支持；中国农业科学院特产研究所佟煜仁研究员、辽宁省金州珍贵毛皮动物公司张志明高级畜牧师总编审，并提供大量技术资料；金盾出版社给予大力支持和帮助，在此一并致以诚挚的感谢！

编 著 者

2006 年 11 月

目 录

第一章　水貂标准化生产概述

一、水貂标准化生产的概念

标准化的概念，为在一定范围内获得最佳秩序，对活动或其结果规定共同的和重复使用的规则、导则或特许性的一项现代化综合性基础工作。

水貂标准化生产，即指在养殖范围内为获得最佳养殖秩序和经济、社会效益而制定、发布和实施相关标准的过程。其隶属于农业标准化范畴，是农业标准化的重要组成内容，是养殖先进技术的全面展示，是各项先进技术和经验的综合效果，最终体现在产品质量和经济效益上，是养殖业发展和提高的必由之路。

标准是时代科技进步的具体体现，因而标准化也随之与时俱进。

二、水貂标准化生产的主要内容

水貂标准化生产应展示出当代先进技术的综合效果，代表当代先进生产力和科学技术。因此，应涵盖品种、繁育、饲养、管理的各项标准、规则（国家级、部委级、各地级或行业协会等）。

标准化的内容必须具备如下原则。

第一，符合国家有关政策、法令，做到技术先进、经济合理、切实可行，有利于推动科技进步，增加产量，提高产品质量。

第二，符合合理利用资源，保护生态环境、卫生，提高社会经济效益。

第三，符合有利于因地制宜，发展地方名、特、优产品生产。

第四，符合按质论价兼顾农工商和消费者利益。

第五，符合对外经济、技术合作和对外贸易。

第六，符合与相关标准协调配套。

三、水貂标准化生产的意义

我国特种动物养殖业起步较晚，在标准化生产中目前仍落后于畜牧业其他产业。因此，努力推行特种动物养殖标准化更具现实和长远的意义。

第一，促进我国水貂养殖业由传统饲养模式向当代先进标准化养殖模式转化，提高科学饲养技术水平。

第二，促进国内种貂品质、产品质量和生产水平提高，获得最佳养殖秩序和经济、社会效益。

第三，标准化生产过程可与国际有关动物福利、动物保护法规接轨，减少或杜绝因此而引起的贸易壁垒。

第四，有利于国内水貂皮产品质量与世界先进国家接轨，促进国际贸易，开拓国际市场。

第二章　国内优良水貂类型的标准

水貂的类型品质决定了水貂皮的质量，更影响到养殖的效益。无论饲养水貂，还是引种水貂，都要优选优良类型。

国内目前饲养的水貂主要有标准水貂和彩色水貂两大类型。

标准水貂通指毛被黑褐色的色型，其中主要类型有美国本黑水貂（彩图 3）、金州黑色标准水貂（彩图 4）、蓬莱黑色标准水貂（彩图 5）和大虞黑色标准水貂（彩图 6）。

彩色水貂通指毛被颜色异于标准水貂的其他色型，其中主要色型有白色系列的丹麦红眼白水貂（彩图 7）；蓝色系列的蓝宝石水貂（彩图 8）、银蓝色水貂（彩图 9）；黄色系列的米黄色水貂（彩图 10）、珍珠色水貂（彩图 11）；咖啡色系列的咖啡色水貂（彩图 12）；黑十字系列的黑十字水貂（彩图 13）；丹麦棕色系列的丹麦深棕色水貂（彩图 14）、丹麦浅棕色水貂（彩图 15）。其引种的种貂标准如下。

一、国内优良标准水貂引种标准

（一）美国本黑水貂引种标准

本标准适用于美国本黑水貂国内外引种时对种貂品质鉴别及评价。

1. 体型外貌

（1）头部　公貂头型轮廓明显，面部粗短，眼大有神，公貂显得雄悍，母貂纤秀。

(2)躯干　颈短而圆，胸部略宽，背腰粗长，后躯较丰满，腹部较紧凑。

(3)四肢　前肢短小、后肢粗壮，爪坚利，无伸缩性。

(4)体重　引种季节(9月下旬)公貂2千克，母貂1千克；成年体重公貂2.25千克，母貂1.25千克。

(5)体长　引种季节(9月下旬)公貂≥40厘米，母貂≥37厘米。成年体长公貂≥45厘米，母貂≥38厘米。

2. 毛绒品质

(1)毛色　漆黑，背腹毛色一致，底绒灰黑，全身无杂色毛，下颌白斑较少或不显。

(2)毛质　针毛高度平齐，光亮灵活有丝绸感，绒毛致密，无伤损缺陷。

(3)针、绒毛长度及比差　公貂针毛长16毫米、绒毛长14毫米左右；母貂针毛长12毫米、绒毛长10毫米左右；针、绒毛长度比1∶0.8左右。

(4)感观　毛被短、平、齐、亮、黑、细。

3. 外生殖器官

(1)公貂　触摸睾丸时两睾丸发育正常、匀称、互相独立、无粘连。

(2)母貂　阴门大小、形状、位置无异常，不畸形，乳头多而分布均匀。

(二)金州黑色标准水貂引种标准

金州黑色标准水貂是辽宁省大连市金州珍贵毛皮动物公司历时11年(1988～1998)自行培育的优良新类型，2000年5月通过农业部畜禽品种审定委员会审定，是国内惟一被正式确认的新品种。其标准如下(本标准适用于金州黑色标准水貂的品种鉴定、种貂等级鉴别及评价)。

1. 体型外貌

(1)头部　头型轮廓明显,面部短宽,嘴钝圆,鼻镜湿润、有纵沟,眼圆明亮,耳小。公貂头型较粗犷而方正;母貂头小较纤秀,略呈三角形。

(2)躯干　颈短而粗圆,肩、胸部略宽,背、腰略呈弧形,后躯丰满、匀称,腹部略垂。

(3)四肢　较短而粗壮,前、后足均具五趾,后足趾间有微蹼,爪尖利而弯曲,无伸缩弹性。

(4)体重　公貂 2.1～2.6 千克,母貂 0.9～1.1 千克。

(5)体长　公貂 42～48 厘米,母貂 36～42 厘米。

(6)体质　健壮。

2. 毛绒品质

(1)毛色　深黑,背、腹色一致,底绒深灰色,下颌无白斑,全身无杂毛。

(2)毛质　针毛平齐,光亮灵活,绒毛丰厚、柔软致密,无伤残缺陷。

(3)毛长度　背正中线 1/2 处针毛长,公貂 20～22 毫米、母貂 19～21 毫米;绒毛长,公貂 13～14 毫米、母貂 12～13 毫米。针、绒毛长度比 1∶0.65 以上。

金州黑色标准水貂近年来又用美国本黑水貂改良提高,改良的金州黑色标准水貂公貂针毛长 18 毫米、绒毛长 15 毫米左右;母貂针毛长 17 毫米、绒毛长 13 毫米左右;针、绒毛长度比已从 1∶0.65 缩小为 1∶0.8 左右。

(4)毛细度　背正中线 1/2 处针毛最粗部位为 53～56 微米,绒毛为 12～14 微米。

(5)毛密度　背正中线 1/2 处冬毛密度为每平方厘米

12 000根以上。

3. 繁殖性能 幼龄水貂9～10月龄成熟，年繁殖1胎，种用年限3～4年。公水貂参加配种率90％以上，母水貂受配率95％以上，产仔率85％以上，胎平均产仔6只以上，年末群平均成活4.2～4.5只。仔貂成活率(6月末)85％以上，幼龄水貂成活率(11月末)95％以上。

4. 生长发育 仔水貂、幼龄水貂生长发育迅速，尤其是断奶至4月龄生长发育速度更快，6月龄接近体成熟。公水貂6月龄体重2 100±41.5克；母水貂6月龄体重1 180±35.3克。

5. 种水貂分级标准

(1)鉴定等级标准　种水貂等级鉴定分成年水貂(1周岁以上)和育成水貂，分别进行。种水貂品质鉴定均分3个等级，见表2-1和表2-2。

(2)鉴定时间　1年鉴定3次，第一次在繁殖期结束后，第二次在10月中旬，第三次在取皮前1周进行。

(3)鉴定过程　第一次(初选)由饲养员按种水貂分级标准进行自选；第二次(复选)由场技术员负责选种；第三次由场育种工作领导小组集体把关，经综合评定后选留、定群。

(4)种水貂留种原则　种公水貂应达一级以上，二级不能留种；种母水貂应达二级以上。经产成年水貂留种数量应占种水貂群的60％以上。

6. 种水貂调出要求

(1)种水貂调出时间　9月中下旬，幼龄水貂达5月龄以上。

(2)标准　种水貂应达到规定的留种标准。

(3)体质　种水貂体质健壮，已接种过犬瘟热和病毒性肠炎疫苗。

(4)系谱　种貂系谱清楚，并带有种貂卡片。

(5)性别比　推荐公、母水貂引种比例为1∶3～5。

(6)合格证　应有由场方签发的种水貂调出合格证和有关部门出具的检疫合格证明。

表2-1　成年水貂等级标准

项目	特级	一级	二级
	公　母	公　母	公　母
毛色	深黑	黑	黑褐
毛质	短平细亮	短平亮	平亮
体况	健壮丰满	健壮	健壮细致
配种能力	强	强	较强
母水貂胎产(只)	>8	>6	>5
断奶成活(只)	7	6	5
秋季换毛	9月中旬前	9月下旬前	10月上旬前

表2-2　幼龄水貂等级标准

项目	特级		一级		二级	
	公	母	公	母	公	母
断奶重(克)	≥390	≥350	>350	>320	>310	>300
11月份体重(千克)	>2.2	1.0	>2.0	0.9	>1.8	>0.85
11月份体长(厘米)	>48	39	>45	38	>40	>36
窝产仔数(只)	>8		>6		>5	
窝产仔成活(只)	7		6		5	
秋季换毛	9月20日前		9月30日前		10月10日前	
毛色	深黑色		黑色		黑褐色	

（三）蓬莱黑色标准水貂、大虞黑色标准水貂引种标准

蓬莱黑色标准水貂主产于山东省蓬莱刘家旺、迟家，大虞黑色标准水貂主产于山东省潍坊市水貂良种场，是山东省公认的地方良种。山东水貂良种的突出特点是体型肥大，繁殖率高，但其毛绒品质略逊于金州黑色标准水貂，主要体现在毛色黑度不足，背腹部毛色、毛长尚有差异，针毛较粗长等。这两个地方良种的引种标准可参考金州黑色标准水貂。

二、国内彩色水貂引种标准

国内彩色水貂类型不是太多，其体型外貌与标准水貂相似，主要差别是毛色各异。因此，彩色水貂引种标准以其色型纯正一致或符合本类型典型毛色为主要指标，其他性状参照标准水貂，但彩色水貂多数繁殖力、抗病力较标准水貂低一些。不同类型彩色水貂引种应注意如下一些问题。

（一）丹麦红眼白水貂

是丹麦近年来选育成功的针毛较细短的新类型红眼白水貂，有别于原针毛粗长型帝王白红眼白水貂。属 1 对白化基因和 1 对咖啡色基因共同组成的双隐性遗传基因型（ccbb）。体型外貌类似于标准水貂，全身毛被呈均匀一致的乳白色，眼粉红色，繁殖力、抗病力略低于标准水貂。

（二）咖啡色水貂

毛被呈均匀一致的咖啡色，属 1 对咖啡色基因组成的单隐性基因型（bb）。与丹麦红眼白水貂杂交，子一代均为咖啡

色，子一代横交或与丹麦红眼白水貂回交，子二代分离出丹麦红眼白水貂和咖啡色水貂。繁殖力、抗病力略低于标准水貂。

（三）蓝宝石水貂

毛被呈均匀一致的天蓝色，属1对青蓝色（阿留申色）和1对银蓝色基因共同组合的双隐性遗传基因型（aapp）。体型与标准水貂相仿，但体质紧凑清秀。纯种繁殖时繁殖力低、抗病力也低。

（四）银蓝色水貂

全身毛被呈均匀一致灰蓝色，属1对银蓝色基因所组成的单隐性遗传基因型（pp）。体型、外貌、繁殖性能、抗病力与标准水貂相同，但针毛较粗长，体质疏松。与蓝宝石水貂杂交时，子一代均为银蓝色型，子一代横交或与蓝宝石水貂回交时，子二代分离出蓝宝石水貂和银蓝色水貂。是杂交繁育蓝宝石水貂的最佳亲本。

（五）钢蓝色（铁灰色）水貂

全身毛被呈均匀一致的蓝灰色，是银蓝色水貂中毛色较深带有钢铁颜色的类型。属1对银蓝色复等位（修饰）基因组成的单隐性复等位遗传基因（psps、psp）。体型外貌同标准水貂，甚至比标准水貂更粗大，针毛较粗长，其毛皮是备受市场青睐的产品。

（六）珍珠色水貂

全身毛被呈均匀一致的灰黄色，类似于珍珠颜色，故而得名珍珠色水貂，眼粉红色。属1对米黄色基因和1对银蓝色基因组成的双隐性遗传基因型（pp bpbp）。体型、外貌类似于标准水貂，繁殖力、抗病力略低于标准水貂。

（七）米黄色水貂

全身毛被呈均匀一致的米黄色，眼粉红色，属 1 对米黄色基因组成的单隐性遗传基因型（bpbp）。体型、外貌、抗病力、繁殖力与标准水貂相仿。

（八）黑十字水貂

毛色呈黑白两色相间，黑色毛在背线和肩部构成明显的黑十字图案，新颖而美观。属 1 对黑十字显性基因或 1 对杂合基因所组成的显性遗传基因型（SS、Ss），显性纯合个体（SS）无胚胎致死现象。体型、外貌、繁殖力、抗病力同标准水貂。

三、丹麦棕色水貂引种标准

（一）丹麦深棕色水貂

全身毛被呈均匀一致的黑棕色，暗环境下毛色与黑褐色水貂相似，但光亮环境下，针毛黑褐色，绒毛深咖啡色，且随光照亮度、角度不同而变化，体型与标准水貂相似。其毛皮属国际市场流行产品。

（二）丹麦浅棕色水貂

体型较大，针毛呈棕褐色，绒毛呈浅咖啡色，类似咖啡色水貂，但比咖啡色水貂更艳丽。

彩色水貂和特殊色型的水貂宜在大型饲养场饲养，中、小型饲养场不宜饲养这些稀有类型或只适宜饲养其中 1～2 种类型。否则，不仅因群体少而容易近亲退化，而且也难以生产质量一致的批量产品，最终不能增加养殖效益。

第三章　水貂繁殖技术标准化

水貂繁殖技术标准化囊括了从准备配种期至仔貂断奶分窝的全过程，既有繁殖的准备工作，又有繁殖技术实施工作。历时约9个月时间，是水貂年饲养周期中非常重要的生产阶段。本章重点介绍繁殖技术实施阶段内容，繁殖准备技术规程详见第六章。

一、水貂配种技术规程

本规程规定了母貂发情鉴定、适时交配、公貂利用及精液品质检查等技术操作规程，适用于整个配种期全过程。

（一）种水貂性成熟

1. 性成熟　种水貂7～9月龄性成熟，在严格选种和正常饲养管理情况下应全部达到性成熟。

2. 母水貂再繁殖　成年母貂翌年的再繁殖受到当年产仔后体况恢复情况的影响，体况恢复不佳，特别是秋季换毛时间推迟者，翌年发情配种延迟，繁殖力下降。

（二）种水貂发情鉴定

1. 种公貂发情鉴定　种公貂发情与睾丸发育状况直接相关，通过睾丸发育情况可预测其配种期发情情况（彩图16）；种公貂在皮貂取皮期时，睾丸应发育至直径1厘米以上，两侧睾丸互相游离不粘连，且已下降到阴囊中，配种期来临前均能正常发情；种公貂在配种来临前的 2 月份，对异性刺激母貂有性兴奋行为，会发出“咕、咕”的求偶叫声，是正常发情有性欲的表现。

2. 种母貂发情鉴定

(1)*种母貂发情鉴定的时间*　种母貂配种期来临前应于 1 月 30 日、2 月 10 日、2 月 20 日各发情鉴定 1 次，配种期根据需要随时进行。配种前所进行的发情鉴定有助于了解种貂群发情进度，既便于配种期安排交配顺序，又能及时发现准备配种期是否存在问题。

(2)*种母貂的发情进度*　严格选种和正常饲养管理条件下，种母貂 1 月 30 日外生殖器官有发情变化的比例应达到全群 80%以上，2 月 10 日应达 90%，2 月 20 日应近于 100%。

(3)*种母貂发情鉴定方法*　种母貂发情鉴定主要方法有外生殖器官形态观察、阴道细胞图像观察和放对试情 3 种方法。综合方法发情鉴定应以外生殖器官形态观察为主，以阴道细胞图像观察为辅，以试情为准。

①*外生殖器官形态观察*　一手抓住母貂颈部，一手抓住母貂尾根，头朝下臀朝上，观看母貂外生殖器(阴门)的形态变化。

静止期：阴毛闭拢成束状，外阴不显。

发情前期：阴毛分开，阴门显露；阴门逐渐肿胀外翻，分成 2～4 瓣；阴门黏膜色泽红润，稀薄的黏液分泌物逐渐增多。

发情期：阴门肿胀，外翻不再继续，阴门色泽开始变淡，黏膜开始皱缩，分泌物开始减少并变得浓稠(彩图 17)。

发情后期：阴门肿胀，外翻明显回缩，色泽变得灰暗，黏膜亦明显皱缩，分泌物干涸。

发情期是放对配种的最佳时机。

②*阴道细胞图像观察*　将尖端直径 3～5 毫米的吸管插

入母貂阴道 5 厘米左右深，吸取阴道内容物，置于载玻片上，在 100～200 倍显微镜下观察。

静止期：仅见到小而圆的白细胞，碎玻璃状的角化上皮细胞没有或极少。

发情前期：角化上皮细胞逐渐增多，白细胞逐渐减少。

发情期：大量的角化上皮细胞，基本上看不到白细胞。

发情后期：角化细胞崩解或聚拢，又可见到较多的白细胞（图 3-1）。

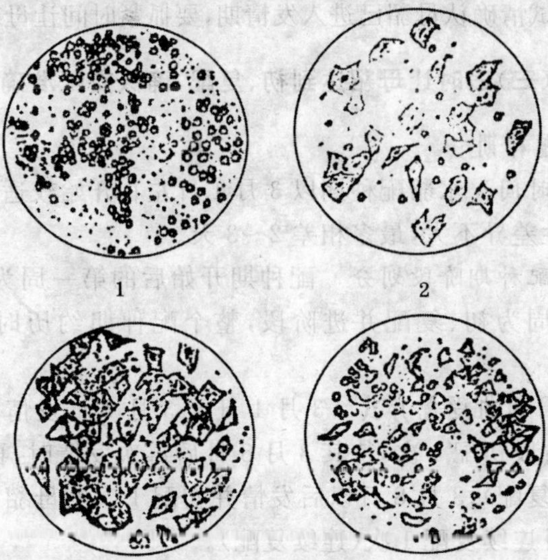

图 3-1　阴道细胞图像示意

1. 静止期　2. 发情前期　3. 发情期　4. 发情后期

③放对试情发情鉴定　临近发情期的母貂适用本方法，视母貂被放进公貂笼内的性兴奋行为来鉴别发情。

发情前期：母貂被动地拒绝公貂捕捉，被公貂咬住后颈部后，拼力挣脱，挣脱后主动扑咬公貂，或背靠笼网一角，竭力尖叫不止。

发情期：母貂不拒绝公貂捕捉，被公貂咬住后颈部时表现顺从温驯。

发情后期：母貂主动拒绝公貂捕捉，向公貂头、臀部扑咬进攻。

放对试情要注意：选择有性欲、性情比较温和的公貂作为试情公貂；放对试情的时间不宜过长，达到试情目的后要及时分开；经试情确认母貂已进入发情期，要抓紧时间让母貂受配。

（三）适时让母貂达到初、复配，确保交配准确

1. 配种期

（1）时间　水貂配种期以 3 月 1 日左右开始较适宜，南北方地域性差异不大，最多相差 2～3 天。

（2）配种期阶段划分　配种期开始后的第一周为初配阶段，第二周为初、复配并进阶段，整个配种期约历时半个月时间。

2. 母貂的受配方式　3 月 1 日至 3 月 7 日发情的母貂，在初配阶段初配 1 次，待其 3 月 8 日后再次发情时，再复配 1 次（周期复配）；3 月 8 日以后发情并初配 1 次的母貂，接着连日或隔日连续复配 1 次（连续复配）。

上述水貂 2 次配种新方法，源自大连市金州珍贵毛皮动物公司，这种方法省工、省力，减少了公貂交配次数，提高了公貂精液品质，配种效果不低于传统的方法。

3. 确保交配准确　水貂属强制性交配动物，配种过程中要仔细观察交配行为，确切判定母貂是否真受配、假受配和误配。

(1)真受配　公貂后裆部弯曲在母貂后臀部长时间不脱离，即使翻滚或躺倒时亦不分开；继而可观察到公水貂两眼迷离、后肢强直、紧紧拥抱母貂的射精动作，母貂伴有“嘎、嘎”的低吟声时，可确定为真配。真配的时间至少持续5分钟以上，交配结束后母貂阴门红肿（见彩图18，彩图19）。

(2)假受配　公貂后裆部不能较长时间与母貂后臀部紧密接触，翻滚或躺倒时公貂后躯即伸直，公貂两眼发贼，看不到射精动作时，为假受配。查看母貂阴门无交配过的红肿现象。

(3)误配　指公貂阴茎误插入母貂的肛门内，母貂因疼痛而发出刺耳尖叫声并拼力挣脱，查看母貂肛门有红肿或出血现象。

发现误配和假配时，要及时更换公貂再与母貂交配。母貂经3天放对，已被公貂爬跨，但未交配成功时，要停止放对配种，待下一发情周期时再放对交配。

(四)种公貂利用

1. 种公貂的适宜性比　水貂必须采取自然交配繁殖，适宜性比公、母貂为1∶4。

2. 种公貂的交配频度　种公貂初配阶段，每1～2日可交配1次；初、复配并进阶段每日可交配1次；连续交配3～4日次时，要休息1～2大时间。

3. 种公貂的训练

(1)初配阶段　主要任务是训练公貂尤其是幼龄公貂学会配种，以便为初、复配并进阶段打好基础。初配阶段种公貂利用率(学会配种)应达公貂群85%以上。

(2)训练公貂学会配种　主要是选择性情较温驯的发情母貂与其放对。注意观察公貂的交配行为，只要公貂性欲正常，每次放对交配行为逐渐正常和熟练，就应坚持训练。公貂一经交配成功，再交配其他母貂就比较容易成功了。

训练公貂交配的过程中要有足够的耐心和爱心，禁止粗暴地恐吓和扑打公貂。要特别注意防止公貂被母貂咬怕（公貂最怕头部被咬）或咬伤。否则，会使公貂发生性抑制而失去利用机会。

在公貂已有爬跨行为、因母貂挣脱中止爬跨、但公貂仍性欲旺盛时，可协助公貂咬住母貂后颈部继续爬跨交配。

（3）重点使用有特殊交配技能的种公貂　放对配种中要注意观察每只种公貂交配行为的特点，对交配速度快、能躺卧交配、母貂不站立不抬尾也能交配成功的有特殊交配技能的公貂要控制使用，以便专门用来解决难配母貂的配种。

（4）提高种貂放对配种的效率　前一日要做好放对计划，翌日放对时优先给交配急切和达成交配成功率高的公貂放对，同日内既有复配又有初配时，优先给需复配的母貂放对。

（5）注意择偶性　公、母貂之间均存在不同程度的择偶性，有些个体表现出很强的择偶性。择偶性强的公貂应控制使用，择偶性强的母貂可通过多与公貂试情来选择合适配偶。

（五）种公貂精液品质检查

1. 精液品质检查的条件要求　精液品质检查必须在室温20℃～25℃的温暖室内进行。载玻片、吸管应预热至37℃备用。

2. 精液品质检查的操作　精液品质检查宜在母貂结束交配后尽快进行；将吸管插入母貂阴道（先向背上方插入，再向头部方向插入）内5～7厘米深，吸取少量精液滴在载玻片上，置200～600倍显微镜下观察。

3. 精液品质检查的项目

(1)精子密度　精液中精子密不可分、呈云雾状为稠密，精子较少，精子之间有一个精子的距离为稀薄，居两者之间为较密。精子稀薄的精液为不合格精液(图 3-2)。

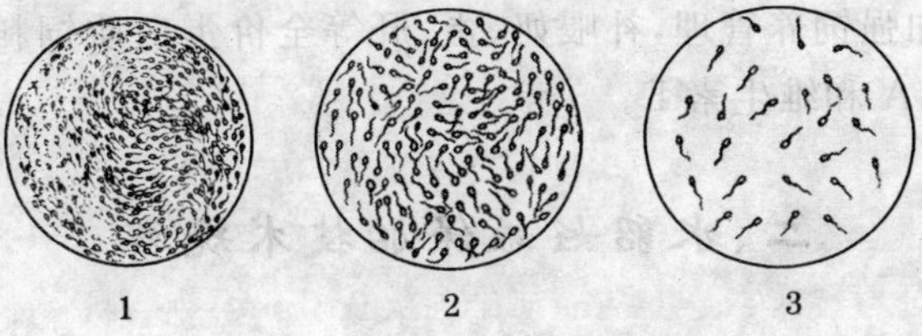

图 3-2　精子密度示意图

1. 密　2. 中　3. 稀

(2)精子活力　指呈直线运动精子所占的比例，精子活力要求 0.7 以上，低于 0.7 为不合格精液。

(3)精子畸形率　各类畸形精子(图 3-3)比例超过 20%为不合格精液。

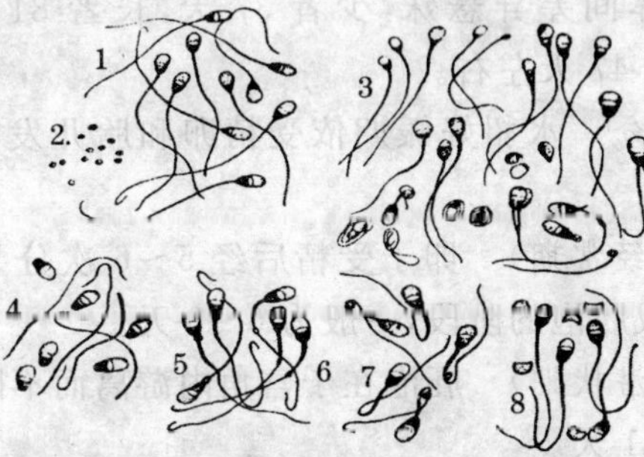

图 3-3　畸形精子示意图

1. 正常精子　2. 游离原生质滴　3. 各种畸形精子　4. 头部脱落　5. 附有原生质滴　6. 附有远侧原生质滴　7. 尾部弯曲　8. 顶体脱落

4. 精液品质不良公貂的处理 配种初期要注重公貂精液品质检查，经连续3次检查确认精液品质不良的公貂，应立即淘汰，并将其交配过的母貂更换精液品质好的公貂及时补配。

5. 检查中发现种群精液品质普遍下降时 要及时查明原因，加强饲养管理，补喂奶、蛋、肝等全价蛋白质饲料，补加维生素A和维生素E。

二、水貂妊娠保胎技术规程

本规程规定了水貂妊娠期划分及依据不同时期生理特点所制定的饲养管理技术规程。

（一）水貂妊娠生理特点及阶段划分

1. 水貂妊娠生理特点

（1）妊娠期 水貂配种受精至胎儿分娩为妊娠期。水貂妊娠期天数个体间差异悬殊，少者37天，长者81天，多数40～55天，平均47天左右。

（2）阶段划分 水貂妊娠期依受精卵和胎儿发育分为3个阶段。

①卵裂期（经常期） 卵子受精后经5～6次分裂形成桑葚胚并继而形成胚泡的阶段，一般为6～8天。

②滞育期（潜伏期） 胚泡在子宫角内游离而不附植的阶段，一般为6～31天。

③胚胎期（胎儿发育期） 胚泡附植并迅速发育至胎儿成熟的阶段，通常为30天左右的时间。

2. 妊娠阶段划分 依据水貂妊娠期胚泡和胎儿生长发育特点，饲养上把妊娠期划分为妊娠前期和妊娠后期。

(1)妊娠前期　交配结束至清明节（4 月 5 日左右）为水貂妊娠前期，由于胚泡尚未附植发育，营养需要并不增加。

(2)妊娠后期　清明以后至母貂分娩为妊娠后期，是胚泡附植后胎儿迅速发育的时期（图 3-4），母貂对营养需要明显增加。此期除供给母体自身营养需求外，还应保证胎儿生长发育和为产后哺乳所需储备的营养，因此，是全年各生产时期中最为重要的阶段。妊娠后期可见母貂腹围明显向两侧扩展（彩图 20），排泄的粪便明显变细。

图 3-4　胚胎在子宫角附植发育

（二）妊娠期饲养技术要点

1. 饲料品质要新鲜　妊娠母貂对饲料品质的新鲜程度要求较严，品质失鲜的饲料容易引起母貂胃肠炎和毒害胎儿，继而造成妊娠中断或流产。

(1)动物性饲料　动物性饲料必须有可靠的来源，且经兽医卫生检疫确认为无疾病隐患和污染的饲料原料及其制品。

第一，含有激素类的动物产品，如通过激素化学去势或肥育的畜禽，带有甲状腺素的气管、性器官、胎盘等饲料，不能饲喂妊娠母貂。

第二，脂肪已出现氧化变质的饲料，不能饲喂妊娠母貂。

第三，含有毒素的鱼等动物性饲料，不能饲喂妊娠母貂。

第四，冷藏时间超过3个月的动物性饲料，不宜饲喂妊娠母貂。

第五，失鲜的毛蛋类、酸败的奶类饲料，不宜饲喂妊娠母貂。

(2)谷物饲料

第一，谷物潮结、发霉被真菌污染时，不能用来饲喂妊娠母貂。

第二，谷物熟制不透，不能用来饲喂妊娠母貂。

(3)蔬菜类饲料

第一，蔬菜类饲料腐烂、堆积发热时，不能用来饲喂妊娠母貂。

第二，被农药等有害物质污染的蔬菜，不能用来饲喂妊娠母貂。

(4)维生素类饲料　过期变质亦不能用来饲喂妊娠母貂。

2. 营养价值要完全

(1)保证全价蛋白质饲料的补给　恒温动物的瘦肉、鲜血、心、肝，奶类，蛋类均为全价蛋白质饲料，应占日粮动物性饲料的20%～30%。

(2)保证必需脂肪酸的供给　必需脂肪酸只在植物油中含有，妊娠母貂日粮应少量添加植物油以补充必需脂肪酸(2～5克/日·只)。

(3)维生素、无机盐、微量元素饲料

第一，应按妊娠期营养需要(见第五章)保质、保量补给，注意饲料贮存、加工过程中营养勿受破坏。

第二，过期变质的添加剂饲料，不能喂给妊娠母貂。

第三，非毛皮兽专用添加剂，如畜、禽用添加剂，不宜在水貂繁殖期使用。

3. 适口性要强

第一，要保证妊娠期主要饲料种类的稳定供给，不要中途突然改变饲料的种类。

第二，注意饲料贮存、加工中不要沾染其他异味。

4. 数量要适当 妊娠期要视母貂个体妊娠状态和体况而分配饲料量，以保证控制妊娠母貂的适宜体况。妊娠前期保持中等体况，妊娠后期逐渐提高，在临产前达中上等体况，但千万勿使体况过肥。

（三）妊娠期管理技术要点

1. 营造安静的环境条件 妊娠母貂喜静厌惊，要确保安静的环境条件，避免突发噪声对妊娠母貂的不良刺激。

2. 保证清洁饮水的供给 妊娠母貂饮水量增加，要保证清洁饮水的供给和饮水盒清洁卫生。

3. 做好产前产箱絮草工作 母貂产仔前产箱保温絮草是产仔保活的重要工作，必须认真进行，不容忽视。

(1)保温垫草晾晒消毒 保温垫草应因地制宜选用较柔韧不易碎的干草，置于阳光直射处晾晒消毒，质地粗硬的稻草还应用打稻机击打或用车轮碾压软化。

(2)笼箱消毒 产仔母貂笼箱产前(4月中旬)要进行1次消毒(彩图21)，产箱笼网最好用喷灯火焰消毒，也可用环保消毒剂消毒(彩图22)。

(3)产箱絮草 产箱絮草最好采取铁丝网围草的方法(彩图23)，即将小于产箱内径的铁丝网放入产箱，在铁丝网周围与产箱的空隙处塞上垫草，让母貂在铁丝网上产仔，仔貂7～

10日龄时将铁丝网撤出。

直接往产箱絮草时，要把草先抖落成互相交错的薄片状，成片压入箱中，箱底和四角的草要压实，四边的草弯压在产箱内，便于母貂在中间空隙处整理做窝。

(4)不要滥用激素处理　水貂繁殖过程是自身神经激素自主调节的，没有必要人为干扰。外源激素处理会抑制内源激素分泌，反而会造成紊乱而影响正常妊娠。

三、水貂产仔保活技术规程

本规程主述水貂产仔哺乳期产仔保活各项技术要点，适用于产仔哺乳期饲养管理。

(一)产仔保活的理念

1. 仔貂存活必须同时具备下述条件

(1)初生仔貂健康，生命力强　初生仔貂体重正常，体重低于6克的弱仔貂难以成活，体重超过12克的仔貂也会在娩出时发生窒息而死亡。

初生仔貂健康无疾患，才会有正常生活力，患红爪病、脓包症等疾患时，生活力明显降低。

初生仔貂胎毛干后体温升高时才具备吮乳能力。

(2)产仔母貂具良好母性　仔貂需在母貂护理下才能生存，母貂要具有良好母性。

母貂母性和健康与泌乳有关，患病母貂或无奶、缺奶母貂将丧失正常的母性。

(3)母貂乳汁充盈　母乳是仔貂3周龄前惟一的食物，母乳缺乏会严重影响仔貂的生长发育，甚至会饿死仔貂。

(4)适宜的产箱温度　仔貂初生时，产箱内温度宜温暖，35℃条件下仔貂生活力最强，20℃以上时，活力正常，低于20℃时活力下降，12℃时即假死呈僵蛰状态。仔貂3周龄以后由于采食饲料和运动增强，产箱内温度宜凉爽，打开小室上盖加强通风有利于防止产箱内温度过高（彩图24）。

(5)安静的环境　产仔期宜保持环境安静，突发的噪声刺激易造成母貂惊恐，会出现弃仔、咬仔、吃仔的行为。

2. 产仔保活必须采取综合性技术措施　上述仔貂存活所需的必备条件是缺一不可的。因此，必须采取综合性技术措施，确保这些条件。

（二）产仔保活技术措施

1. 产仔值班　产仔值班的任务是：及时发现母貂产仔并做好标记，给产仔母貂添加饮水，救活落地仔貂，处置难产母貂。

2. 产仔检查

(1)首次检查　首次检查需在产仔母貂排出了食胎衣、胎盘的油黑色粪便后进行，检查目的主要是了解母、仔貂健康状况，仔貂吮乳和母貂泌乳情况。仔貂鼻镜蹭得发亮，毛绒内沾染灰尘是其已吮乳的迹象。如果身体温暖、腹部饱满（彩图25），则为吃上初乳迹象，如身体发凉、腹部瘪瘪则为没吃上初乳或没吃饱初乳的迹象。此时应进一步检查母貂乳头发育和泌乳情况（彩图26）。

(2)重复检查　重复检查视“听”（听仔貂叫声）、“看”（看母貂行为）情况发生异常时及时进行，或为查明仔貂生长发育状况，每7～10日定期进行。复检主要目的仍是母貂健康、泌乳和仔貂健康、生长发育情况（图3-5）。

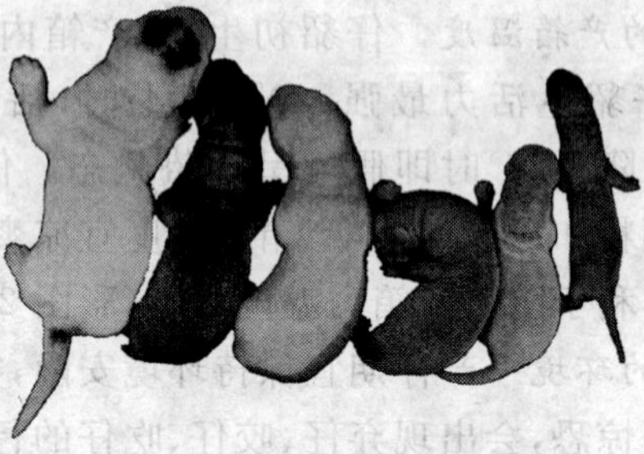

图 3-5 生长发育正常的仔貂

3. 代 养

(1)代养的原因 仔貂失去了母貂的照顾或母貂生病、无奶、缺奶,非代养出去难以成活时,要及时代养。

(2)代养母貂的条件 代养母貂与被代养窝母貂产期相近,初生仔貂代养时不宜超过 3 天时间;代养母貂要求母性强,奶水丰盈,自身产仔数较少。

(3)代养的方法 代养的方法有两种,一是让代养母貂自己叼入被代养仔貂;二是把被代养仔貂混入代养母貂的仔貂窝内。两种方法成功率都高,但代养母貂叼入法更直接观察到代养是否成功(彩图 27)。

(4)代养时的注意事项 代养时动作快而轻,勿使代养母貂受到惊恐刺激;注意勿使被代养仔貂沾染较强烈的异味,代养前用代养母貂窝中或笼下垫草搓擦被代养仔貂身体,不必过多往其身体上涂擦代养母貂的粪、尿。

4. 仔貂补饲

(1)仔貂补饲时间 仔貂 3 周龄能够采食饲料时开始补饲,一直补饲至 60 日龄,分窝前母、仔貂同补,分窝后仔貂单补(彩图 28)。

(2)补饲方法 每日中午补饲 1 次由营养丰富、易于消化饲料所组成的粥状饲料。饲料量以同窝仔貂数多少和生长发育状况分配。补饲可明显提高仔貂断奶体重和分窝后生长发育速度。

5. 适时分窝

(1)适时分窝的条件　仔貂具备体温恒定调节的功能和独立采食饲料的生存能力时应适时断奶分窝。分窝后幼貂体重不出现明显下降(彩图 29)。

(2)适时分窝的日龄　原则上仔貂分窝应达 40～45 日龄,过早分窝影响幼貂生长发育,过晚分窝不利于母貂产后恢复。母貂体况和母性较好时,应尽量在仔貂 40～45 日龄时分窝,如母貂已很消瘦(授乳症),母性亦变得不良时,可适当提前在仔貂 30 日龄以上时分窝,并要给分窝仔貂的小室添加保温垫草。

(3)分窝的方法　事先做好仔貂分窝所需要笼舍,并经消毒处理,小室内铺垫少许干草备用。

同窝仔貂生长发育较均匀者,宜一次性全部断奶分出;同窝仔貂生长发育不均匀时,可先将强壮个体分出,弱小个体留给母貂再护理一段时间后分出,但最晚不要超过 60 日龄。

第四章 水貂种群选育技术标准化

一、水貂选种技术规程

（一）水貂选种时期及各期的选择标准

1. 水貂选种的过程

(1)初选（窝选） 年中的首次选种，一般在母貂断奶、仔貂分窝时(6 月下旬至 7 月上旬)进行。

第一，初选主要以当年繁殖成绩选择种母貂，以仔貂生长情况及其祖先品质来选择幼貂。

第二，初选时留种数应比年终计划留种数富余 30%左右，以备复选和终选时有淘汰余地。

(2)复选 年中第二次选种，必须在秋分季节(9 月下旬至 10 月上旬)内抓紧进行；主要以初选种母貂秋季换毛情况来进行选种，淘汰换毛时间推迟和换毛速度缓慢的个体。要求种母貂、幼龄水貂的夏毛完全脱净，只允许母貂耳郭边缘有少许夏毛未脱落；留种量应较终选计划留种数富余 10%左右，如预留种母貂中淘汰个体较多，可从商品群中挑选优良者补充；复选时对种母貂的要求要比幼龄水貂更严格。

(3)终选 年中第三次即最后 1 次选种，故称终选。一般在毛皮成熟后(11 月下旬)取皮前进行；终选以种母貂的毛皮品质和健康状况为主要条件；终选应结合初选、复选情况综合进行，严格把握终选标准，宁缺毋滥。

2. 水貂种貂选择的各项性状

(1)体型和体质　种貂体型是个体生长发育情况的具体标志,一般种公貂应优选体型修长的大体型者,而母貂宜优选体型修长的中等体型者,过大体型的母貂并不适宜留种。体质应视种类不同而相应选择,如美国本黑水貂、蓝宝石水貂等体质紧凑,宜选体质紧凑略疏松者留种;而银蓝色水貂、铁灰色水貂等体质疏松,因此应选体质疏松、皮肤松弛者留种。

(2)毛绒品质　这是种貂选种的最重要性状,不论哪种类型均要求具有该类型的毛色和毛质的优良特征。毛色要求纯正无杂色毛;毛质要求绒毛丰厚、针毛灵活,分布均匀,且针、绒毛长度比例适宜;毛被光泽性强;无弯曲、钩针等瑕疵。

(3)出生日期　仔貂出生日期与其翌年性成熟早晚直接相关。因此,宜优选出生和换毛早的个体留种。

(4)外生殖器官形态　外生殖器官形态异常者(如大小异常、位置异常、方向异常等)不宜留种。

(5)食欲和健康　食欲是健康的重要标志,优选食欲强的健康个体留种,患过病尤其患过生殖系统疾病的个体不宜留种。

3. 种貂品质鉴定的方法

(1)个体鉴定　即对个体性状的表型直接鉴定。适用于遗传力比较高的各种性状,如体型、毛色、毛质、抗病力等。但不适用于遗传力低且受环境因素影响较大的性状如繁殖力等性状的直接鉴定。

(2)家系鉴定　又称同胞鉴定,即对每个家系(同胞和半同胞群体)的表型平均值的鉴定。适用于遗传力较低性状如繁殖力等性状的选择。这在初选(窝选)时有重要作用。

(3)系谱鉴定　即根据祖代和后裔的品质、性能比较对亲代性状进行鉴定，又称后裔鉴定。优选后裔性状优良的亲代继续作种用。

4. 水貂的选种标准 详见表 4-1，表 4-2。

表 4-1 成年水貂选种标准

	项 目	初 选	复 选	终 选
公貂	首次交配时间	3 月 10 日前	—	—
	交配母貂数(只)	>4	—	—
	精液品质	优	—	—
	与配母貂产仔率(%)	≥90	—	—
	与配母貂胎平均产仔数(只)	≥6	—	—
	年龄(周岁)	1～3	—	—
	秋季换毛时间	—	9 月中旬	—
	秋季换毛速度	—	快	—
	毛绒品质	—	—	优
	体 况	中等	中等	中上等
	健康状况	优	优	优
	后裔鉴定	优	优	优
母貂	首次受配时间	3 月 10 日前	—	—
	复配次数	1～2	—	—
	产仔日期(月.日)	5 月 5 日前	—	—
	胎产仔数(只)	≥6	—	—
	仔貂初生重(克)	9～11	—	—
	仔貂成活率(%)	≥90	—	—
	母 性	好	—	—

续表 4-1

项　目		初　选	复　选	终　选
母貂	泌乳力	强	—	—
	年龄(周岁)	1～3	—	—
	秋季换毛时间	—	9月中旬	—
	秋季换毛速度	—	快	—
	毛绒品质	—	—	优、良
	体　况	中　等	中　等	中上等
	健　康	优	优	优
	后裔鉴定	优	优	优

表 4-2　幼龄水貂选种标准

项　目		初　选	复　选	终　选
公貂	出生时期	5 月 1 日前	—	—
	同窝仔貂数(只)	≥6	—	—
	断奶体重(克)	≥350	—	—
	秋分时体重(克)	—	≥1800	—
	秋分时体长(厘米)	—	≥43	—
	秋季换毛时间	—	9 月中旬	—
	秋季换毛速度	—	快	—
	毛绒品质	—	—	优
	毛皮成熟	—	—	完全成熟
	体　况	中上	上	上
	健康状况	优	优	优
	11 月份体重(克)	—	—	≥2000
	11 月份体长(厘米)	—	—	≥45

续表 4-2

项目		初选	复选	终选
母貂	出生时期	5月5日前		
	同窝仔水貂数(只)	≥6		
	断奶体重(克)	≥300		
	秋分时体重(克)		≥850	
	秋分时体长(厘米)		≥37	
	秋季换毛时间		9月中旬	
	秋季换毛速度		快	
	毛绒品质			优
	毛皮成熟			完全成熟
	体　况	中　上	上	上
	健康状况	优	优	优
	11月份体重(克)			900～1000
	11月份体长(厘米)			36～42

5. 水貂选种注意事项

(1)综合选种　选种是常年应注重的工作,3次选种应分阶段重点进行,终选要综合初、复选进行。

(2)种群合理年龄构成　种群适宜年龄构成是确保高繁殖力和高遗传力的基础,应尽量增加老种貂的比例,成年种貂和幼年种貂比例以7∶3～6∶4为宜。成年貂超过3周岁时繁殖力一般都要下降,故4周岁以上老种貂应严格控制。

(3)严格掌握选种标准　选择种貂必须严格把握选种标准,尤其老种貂要严于小种貂,不符合留种标准的个体,一律严格淘汰,不能滥竽充数。

（二）水貂选种的等级标准

标准水貂选种的等级标准详见第二章“金州黑色标准水貂引种标准”之表 2-1 和表 2-2。公貂的等级需达一级以上，母貂需达二级以上。

彩色水貂选种也适用上述标准，但繁殖力性状低于标准水貂，彩色水貂特别强调毛色要纯正，所选种貂群毛色差异不悬殊，应在同一色差分级内。

二、种水貂引种、运输与暂养规则

种貂引种是养貂场非常重要的基础工作，引种运输及其隔离暂养又是技术性较强的工作，应依据《中华人民共和国畜牧法》、国务院《种畜禽管理条例》注意如下规则。种貂引种与运输规则如下。

（一）引种的准备工作

1. 有目的地引种 引种要有明确的目的，一般引种是为改良提高本场貂群品质或增强本场良种优势，有时也为改善本场种群血缘关系而引种。应根据引种目的和需要确定拟引进的种类、性别及数量。

2. 调研、考察并确定引种场家 引种时应事先考察引种场家，选择有种貂经营许可证、种兽合格证和种兽系谱、饲养管理规范、种貂品质优良及卫生防疫条件好、信誉高的大、中型场家引种。正流行或刚流行疫病的场家，不能前去引种。对引种场家情况不明时，应多考察一些场家，货比三家，从优选择。

3. 做好引种准备工作 确定挑选种貂的技术人员，做好运输用品、运输方式等准备工作。

（二）引种的实施

1. 引种的适宜时间 引种最适宜的时间是秋分季节，此时幼貂已生长发育至接近成年大小，正处于秋季换毛的明显时期，毛皮品质的优劣已初见分晓，加之此时气候已比较凉爽，更便于运输的安全。必要的时候（如种貂优良而货源紧缺）也可以在幼龄水貂分窝以后抢先引种，此时可引进当年出生较早的幼龄水貂，但对其成年后的毛皮品质不便观察。

2. 种貂的挑选 种貂的挑选是引种最关键的问题，挑选种貂一定要严格按前文“种貂选择标准”严格进行，并要慧眼识貂，以防以老充小、以次充好、以假乱真（如以杂交改良冒充原种纯繁水貂等）的现象出现而上当受骗。

3. 挑选种貂的集中观察 最好让场家把挑选出来的种貂集中饲养，引种者要留心观察种貂的采食情况，剔出食欲不佳和错选的品质不良者。

4. 种貂的编号及记录其系谱档案 种貂启运前要编好顺序号，并记录各个体的系谱资料。

（三）种貂的运输

1. 办理检疫手续 种貂运输前一定要根据《中华人民共和国动物防疫法》第三十条规定，由动物防疫监督机构按照国家标准和国务院畜牧兽医行政管理部门的行业标准、检疫管理办法和检疫对象，依法对种貂进行检疫，并须检疫合格。办理好种貂检疫和车辆消毒手续，办好检疫证明，以备运输中使用。

2. 种貂喂食和饮水 运输前最好喂给种貂常规数量的食物，但不宜喂得太饱，运输时间不超过 3 日，也可不喂食，但要保证种貂饮水。

3. 单笼运输 种貂装在特制的运输笼中，单笼运输，不允许 2 只 1 笼或多只 1 笼运输。运输笼具 5 只种貂一组，规格不小于 120 厘米×50 厘米×25 厘米，笼间设隔板，内置饮水盒，铁皮托底。装笼时要在笼上做好顺序标记，以防运回后系谱错乱。

4. 不停顿地运输 种貂装笼、车启运后应不停顿运输，尽量缩短中途停留的时间。

5. 防雨防晒 种貂运输不宜装在密闭的车厢内，种貂笼的上方应加盖苫布防雨防晒。

6. 途中少量喂食喂水 运输时间短(3 日内)时，途中可不喂食，但要少量提供饮水；运输时间长(超过 3 日)时，应及时供水和少量喂食。喂水时少给勤添，勿湿毛绒，以防种貂感冒。

(四)种貂运回场内后的管理

1. 设立隔离检疫场(区) 依照国家动物检疫法和动物检疫管理办法的具体规定，事先在场区的下风口处设立隔离检疫场(区)。

2. 暂放隔离场(区)内饲养观察 新引进的种貂不宜直接放在场内饲养，应在单辟的隔离场或隔离区内暂养观察一段时间(1～2 周)，确认健康无疾患时方可入场内饲养。

3. 到场后先饮水后少量喂食 种貂运抵场内后迅速从运输笼内移入笼舍内，先要添加足量饮水，然后喂给少量食物，以后逐渐增加喂量，2～3 日后再喂至常规量，以防种貂因运输后饥饿而大量采食，造成消化不良。

4. 及时补注疫苗免疫 引种时应确认场家是否已对种貂进行犬瘟热、病毒性肠炎疫苗免疫，如场家未进行，则应在运输前及时补注进行免疫。

5. 运输工具消毒处理 对所用运输工具，特别是运输笼要及时清理和消毒处理，以备重复使用。

三、种水貂选配规则

水貂选种是通过表型性状的选择，优选有优良遗传基因的个体。而选配是通过公、母之间的配偶选择，使优良遗传基因得以巩固和发挥的过程。选配是选种工作的继续，是繁育过程中重要的技术环节。

选配工作应遵循如下技术规则。

（一）选配的概念与意义

选配是为了获得优良后代而选择和确定个体种貂间交配关系的过程；选配是选种工作的继续，目的是为了在后代中巩固提高双亲的优良品质，获得新的有益性状。选配得当与否对繁殖力和后代品质有重要影响，是育种工作必不可少的重要环节。

（二）选配的原则

1. 品质选配

（1）同质选配 选择具有相同优良性状的个体交配，以期在后代中巩固和提高双亲所具有的优良特征。同质选配中要注重遗传力强的性状，且公貂要优于母貂。常用于纯种繁育及核心群的选育提高。

(2)异质选配　选择具有不同优良性状的个体交配，以其后代中用一方亲本优点去改良另一方亲本的缺点，或者结合双亲的优良性状，创造新的优良类型。常用于杂交选育中。

2. 亲缘选配

(1)远亲交配　即祖系三代内无亲缘关系的个体选配，也称远缘选配。是一般繁殖过程中所要求尽量做到的选配。

(2)近亲交配　指祖系三代内有亲缘关系的个体选配，是在育种过程中有目的地进行。一般生产群中应尽量杜绝近亲交配。

3. 年龄选配　不同年龄的个体选配对后代的遗传性有影响，一般壮龄个体间选配、壮、幼龄个体间选配更优于幼龄个体间的选配。

4. 体格选配　公貂体格必大于母貂体格，且宜大配大、大配中、中配大、中配小，不宜小配小。

四、种水貂繁育规程

种水貂繁育、选育是重要的育种过程，是不断提高种群品质和产品质量的长远大计。本规程适用于种水貂繁育、选育等育种过程。

(一)纯种繁育

纯种繁育是在种貂主要遗传性状的基因型相同、表现型大部分相同的种貂群中，进行同类型自繁，并逐年选优去劣，选育提高的过程。

1. 尽量采用同质选配　通过同质选配巩固提高有益遗传性状的遗传力。

2. 尽量采用远血缘选配 尽量减少近亲交配，以防近亲交配所带来的退化和危害。

3. 严格选种 对自繁后代要严格选种，选优去劣，一般淘汰率不应低于 40%。

4. 采用品系、品族繁育 品系是指以 1 只优秀的公貂个体为系祖，采取远亲或近亲繁殖所获得的一群优秀后代；品族是以 1 只优秀母貂为族祖所扩繁的一群优秀后代。品系、品族形成后，不同品系、品族间再进行自群繁殖，这样不仅可避免近亲交配，还可以起到选育提高的良好作用。

（二）杂交繁育

杂交繁育是指采用两个（或两个以上）具有不同遗传类型或不同优良性状的种貂群相交，旨在获得杂交优势或新类型的繁育过程。

1. 改良杂交 引进优良种群对原有种群进行杂交改良，称为改良杂交。

第一，引入的优良种群必须是纯种。

第二，必须采用级进杂交的方式：

第一年　　良种水貂×原有水貂

↓

子一代（含良种血缘 50%）

第二年　　良种水貂×子一代

↓

子二代（含良种血缘 75%）

第三年　　良种水貂×子二代

↓

子三代(含良种血缘87.5%)

第四年　　良种水貂×子三代

↓

子四代(含良种血缘93.75%)

第三,级进杂交中注意远血缘选配。

第四,杂交后代要严格选种,选优去劣。

第五,杂交子三代之前公貂不做种用。

第六,子四代后可开展横交固定。

2. 不同类型种貂间的杂交　不同类型的种貂主要指不同色型间杂交。

第一,彩色水貂宜同色型纯种繁育,后代整齐一致无其他杂色型出现。

示例:　　丹麦红眼白水貂×丹麦红眼白水貂

↓

丹麦红眼白水貂

第二,双隐性基因色型宜与含其中同一色型的单隐性基因型杂交,子一代均为单隐性基因彩色水貂表现型,不出现其他色型。子一代回交时,可获1/2双隐性基因色型和1/2单隐性基因色型;子一代横交时,可获1/4双隐性基因色型和3/4单隐性基因色型。这种繁育方法生产的后代皆为彩色水貂类型,有利于生产批量彩色水貂皮产品并增加经济效益。

示例：　　　　蓝宝石水貂 × 银蓝色水貂

(aapp) ↓ (AApp)

F_1　　　　Aapp（全部银蓝色水貂）

F_1 回交　蓝宝石水貂 × F_1 银蓝色水貂

(aapp) ↓ (Aapp)

aapp ＋ Aapp

（50 %蓝宝石水貂）（50%银蓝色水貂）

F_1 横交　F_1 银蓝水貂 × F_1 银蓝水貂

(Aapp) ↓ (Aapp)

AApp ＋ Aapp ＋ aapp

(75%银蓝色水貂)（25%蓝宝石水貂）

第三，非育种和培育新色型彩色水貂需要，一般不要采用不同基因型彩色水貂间杂交。否则会出现大量杂色型后代，横交后又出现众多分离现象，降低经济效益。

第四，为提高彩色水貂生活力和改善其血缘关系，可适当开展彩色水貂与标准水貂杂交，杂交后代再与亲本彩色水貂回交，以分离彩色水貂。单隐性基因彩色水貂与标准水貂杂交，子一代均为表型黑褐色杂合水貂，子一代横交时分离出 1/4 亲本单隐性彩色水貂，子一代回交时，分离出 1/2 亲本单隐性彩色水貂。

二对隐性基因彩色水貂与标准水貂杂交，子一代也均为黑褐色杂合水貂，子一代横交时会出现表型黑褐色、组成双隐性彩水貂的单隐性基因色型和双隐性基因型彩貂 4 种色型，其比例为 9∶3∶3∶1；子一代回交也出现这 4 种色型，分离比例各为 1/4。

示例：标准水貂与单隐性基因彩色水貂杂交：

标准水貂 × 银蓝水貂

(PP) ↓ (pp)

F_1 Pp

F_1 回交 银蓝水貂 × F_1表型黑褐色

(pp) ↓ (Pp)

Pp ＋ pp

(50%表型黑褐水貂) (50%银蓝水貂)

F_1 横交 F_1 表型黑褐 × F_1 表型黑褐

(Pp) ↓ (Pp)

PP ＋ Pp ＋ pp

(25%标准水貂) (50%表型黑褐水貂) (25%银蓝水貂)

标准水貂与双隐性彩色水貂杂交：

标准水貂 × 蓝宝石水貂

(AAPP) ↓ (aapp)

F_1 AaPp (表型黑褐色水貂)

F_1 回交 蓝宝石水貂 × F_1 表型黑褐色水貂

(aapp) ↓ (AaPp)

AaPP ＋ Aapp ＋ aaPp ＋ aapp

(25%表型黑褐) (25%银蓝) (25%青蓝) (25%蓝宝石)

F_1 横交：F_1 表型黑褐色水貂 × F_1 表型黑褐色水貂

(AaPp) ↓ (AaPp)

♀ / ♂	AP	Ap	aP	ap
AP	AAPP 黑褐	AAPp 黑褐	AaPP 黑褐	AaPp 黑褐
Ap	AAPp 黑褐	AApp 银蓝	AaPp 黑褐	Aapp 银蓝
aP	AaPP 黑褐	AaPp 黑褐	aaPP 青蓝	aaPp 青蓝
ap	AaPp 黑褐	Aapp 银蓝	aaPp 青蓝	aapp 蓝宝石

黑褐色　银蓝色　青蓝色　蓝宝石色

9 : 3 : 3 : 1

采用彩色水貂与标准水貂杂交所分离出的彩色水貂，由于血缘较远不但自身的生活力和繁殖力提高，而且后代生命力和适应性也随之提高，繁殖成活率明显高于纯繁后代。是提高彩色水貂生产性能的主要措施。

3. 标准水貂与1对或1个显性基因的彩色水貂杂交 其杂交效果与和隐性基因彩色水貂杂交效果截然相反。

示例：　显性白 × 标准水貂

(SS) ↓ (ss)

F_1 　Ss　(黑十字水貂)

F_1 回交：显性白 × 黑十字水貂

(SS) ↓ (Ss)

SS ＋ Ss

(显性白 1) : (黑十字水貂 1)

F_1 横交：黑十字　×　黑十字

(Ss)　↓　(Ss)

SS ＋ Ss ＋Ss ＋ ss

（显性白 1）：（黑十字 2）：（标准水貂 1）

标准水貂与 1 个显性基因彩色水貂杂交：

黑十字　×　标准水貂

(Ss)　↓　(ss)

Ss　＋　ss

（黑十字 1）：（标准水貂 1）

美国本黑水貂毛色为显性遗传，其基因型有纯合（JJ）和杂合（Jj）两种。其与标准水貂杂交效果与上述情况相同。

（三）育种核心群繁育

以育种为目的，把种群中最优良的个体集中在一起所组成的优良种貂群被称为育种核心群。加强育种核心群的繁育，可始终保持其优良地位，是更适于中、小型养貂户育种的良好而简便的方式。

1. 育种核心群的构成　由全场中遗传性状最优秀的个体组成。选育过程中严格选优去劣，生产群中发现个别优良个体也可随时向核心群中补充。

2. 核心群自群繁殖　已属同质选配和纯种繁殖，但应注意尽量远血缘交配。

3. 核心群被淘汰的种貂　其品质仍高于生产群时，可移入生产群做种貂用。

4. 注重核心群选育提高　核心群要不断选育提高，要及时发现某些性状的缺陷和不足，注意核心群中新出现的有益性状并进行选育提高。

第五章　水貂饲养技术标准化

水貂饲养是养殖过程中的基础工作，主要涉及饲料、饲料加工、日粮配合和饲喂等日常过程。水貂饲养技术的标准化是整个标准化养殖的主要内容。

一、水貂常用饲料及利用规则

（一）水貂的常用饲料

水貂常用饲料主要是动物性饲料，配合使用少量植物性饲料和添加饲料，其分类见表 5-1。

表 5-1　饲料的分类及其种类

分类		包括的饲料种类
动物性饲料	鱼类饲料	各种海鱼和淡水鱼
	肉类饲料	各种家畜、家禽和其他来源动物肉
	鱼、肉副产品饲料	水产加工副产品（鱼头、鱼骨架、内脏及下脚料等）；畜、禽、兔副产品（内脏、头、蹄、骨架、血等）；软体动物和虾类
	干动物饲料	肉粉、肉骨粉、羽毛粉、肝渣、血粉、干鱼、鱼粉、蚕蛹粉、干蚕蛹、干蛤肉等
	奶类及蛋类饲料	牛奶、羊奶、鸡蛋、鸭蛋、毛蛋、照蛋等

续表 5-1

分类		包括的饲料种类
植物性饲料	作物子实类饲料	玉米、高粱、大麦、小麦、大豆等
	子实加工副产品饲料	大豆饼、亚麻籽饼、葵花籽饼、麦麸、米糠等
	果蔬类饲料	次等水果、各种蔬菜和野菜等
添加饲料	维生素饲料	麦芽、鱼肝油、棉籽油、维生素 E、维生素 B_1、维生素 B_2、维生素 C 等粗制品和精制品
	矿物质饲料	骨粉、骨灰、石灰石粉、白垩粉、食盐及微量元素混合剂
	生物制剂	益生素、消化酶等
干配合饲料		全价配合料、浓缩料、预混料

(二)水貂常用饲料利用规则

本规则适用于各类饲料饲喂水貂全过程。

1. 动物性蛋白质饲料利用规则 动物性饲料是水貂日粮中的主料,利用时要遵循如下规则。

第一,动物性蛋白质饲料品质一定要新鲜,腐烂变质和脂肪酸败氧化的动物性饲料不能用来饲喂水貂。

第二,来源可靠、经兽医部门检疫过的优质动物性饲料生喂为好,适口性强、消化率高,熟喂会降低其营养价值和消化率。

第三,轻度变质的动物性饲料,经蒸煮消毒等无害化处理后可在非繁殖期使用,但在繁殖期禁止使用。

第四,废弃的动物性饲料要采取焚烧或深埋等无害化处理,不得给环境造成污染。

2. 各种动物性饲料的利用规则

(1)肉及肉类副产品饲料利用规则　肉及肉类部分副产品(心、肝、脾、肾、血)是优质的全价蛋白质饲料,多在繁殖期少量利用,对来源可靠、品质新鲜者宜生喂,否则应熟喂。

(2)海产鱼类及鱼类副产品的利用规则　海产鱼类多种类搭配利用,有利于提高蛋白质的生物学价值,品质新鲜者宜生喂,否则应熟喂。

海产鱼类中有毒鱼类(如河豚、马面豚等)、含有组胺的鱼类(属青皮红肉类,如鲐鱼、鲅鱼等)不能利用;含脂肪高的鱼类(如带鱼、青鱼等)不宜单独利用;体表黏液较多的鱼类(如白鱼等)应将黏液洗净后利用,否则水貂食后会导致呕吐现象;内脏过大的鱼类(如安康鱼等)应摘除内脏后利用,否则适口性不强。

海杂鱼是廉价的动物性蛋白质饲料,在日粮中的比例一般可占 50%～80%。

鱼类副产品以鱼头、鱼排(鱼骨架)利用较多,品质新鲜的宜生喂,反之应熟喂。因鱼排、鱼头含骨质较多,蛋白质含量比全鱼低,因此日粮中动物性饲料不能 100%利用鱼副产品,适宜比例为占动物性饲料的 30%左右。

(3)禽类及禽类副产品饲料的利用规则　禽及禽类副产品质量新鲜,经检疫无病原污染的宜生喂,但一般情况下均应熟喂,以严防疫病发生。

禽副产品中肝脏营养价值较高,一般在繁殖期中作为精补饲料利用;鸡背、鸭背、鸡脖类含骨质较高,可占日粮中动物性饲料比例的 30%;鸡皮、鸡尾含脂肪很高,一般只在冬毛生长期催肥利用。

(4)奶类、酵母的利用规则　奶类、酵母均是全价蛋白质精补饲料，奶类可在繁殖期、酵母可在常年作为精补饲料利用。

奶类饲料必须煮沸消毒后利用，熟酵母可直接利用，生（鲜）酵母必须熟制灭活酵母菌后利用。

（5）蛋类的利用规则　鸡蛋、鸭蛋是优质的全价动物性饲料，一般在水貂繁殖期内作为精补饲料利用。所有蛋类必须煮熟后利用。

3. 植物性饲料的利用规则

第一，植物性饲料的品质必须新鲜，无霉变、无杂质、无有害物质（如农药等）污染。

第二，植物性饲料主要指谷物子实，豆类饼粕、副产品糠麸类和蔬菜、鲜果类。其中谷物子实、饼粕类必须加工成细粉状，并彻底熟制后利用。

第三，植物性饲料是日粮中的辅料，必须依照不同生产时期的日粮标准与动物性饲料合理搭配利用。

第四，植物性饲料宜多种类按适宜比例搭配利用，可提高适口性和营养价值。

第五，各种植物性饲料的利用规则。

①作物子实类利用规则　作物子实类常用的是玉米、小麦等，以粉碎成细粉熟制后利用，利用比例可占谷物饲料的50％～100％。熟制方法以膨化最好，蒸、煮亦可。

②豆科子实及其饼粕类利用规则　加工、利用方法同作物子实类，但利用比例最多占谷物类饲料的30％，喂得过多会引起水貂腹泻和消化不良。黄豆含蛋白质、脂肪较高，可制成豆汁利用。

③糠、麸类粗饲料利用规则　糠、麸类更应粉碎成细粉，拌匀在谷物饲料中利用，利用率较低，一般不超过谷物性饲料的10％。

④果蔬类青绿饲料利用规则　果蔬类饲料以叶菜类，块根、块茎类利用较多，叶菜和水果类生喂为宜，块根、块茎生熟喂均可。果蔬类利用量比较低，一般可占水貂日粮的5%～10%。

4. 添加剂饲料利用规则

第一，添加剂饲料用量很少，但营养作用很大，需采购质量可靠、含量准确并在保质期内的合格产品。

第二，添加剂饲料一般不耐光、热，应妥善保管和严格按使用要求加工利用。

第三，添加剂饲料利用时一定要称量准确，临喂前添加在混合饲料中，并要搅拌均匀。

第四，注意添加饲料的理化特性及其与其他饲料的拮抗关系，避免因拮抗饲料的存在而使添加饲料失去作用。

第五，添加剂饲料中的益生素属活菌生态制剂，利用时要注意饲料温度不超过40℃，以防活菌被灭活。

5. 干配合饲料利用规则

(1)干配合饲料的含意

第一，根据水貂不同生理特点及不同生产时期营养需要制定的科学配方作为依据。

第二，将多种饲料原料优化组合，符合科学的配方标准。

第三，通过专业设备和工艺加工，达到充分混匀一致的商品饲料。

第四，通过使用，证明可充分满足水貂营养需要、降低饲养成本、发挥水貂生产效能，达到优质、高效的要求。

第五，干配合饲料研制、生产、销售必须符合国家饲料和饲料添加剂管理条例的有关规定。

(2)利用干配合饲料的优越性

第一，充分有效利用各种饲料资源。

第二，充分保证饲料产量和质量。

第三，提高劳动生产效率，降低饲养成本。

第四，发挥水貂生产效能，尤其是提高水貂干物质采食量，促进生长，提高毛皮质量。

第五，有利于卫生防疫，减少疾病发生。

（3）配合饲料的种类

①全价配合料　含有蛋白质、能量、矿物质、维生素等动物所需要的全部营养成分，可直接饲喂水貂。

②浓缩蛋白质饲料　又称蛋白补充料。以蛋白质饲料为主，配合部分添加剂预混料，能量饲料由使用者按适当比例自行添加。可大幅度降低贮存、运输的成本。

③添加剂预混料　单一或复合的微量、超微量营养物质（如维生素、微量元素等）加入稀释剂和载体，经机械充分混匀的混合物即为添加剂预混料。用量很小，但营养作用很高。

④代乳料　又称人工乳。主要用于哺乳期促进母貂泌乳，仔貂开食后促进生长发育，也可用于幼龄水貂断奶初期。

⑤根据饲养对象划分　不同种类动物，有不同成分的干配合料；同种动物不同生产时期亦有不同配方的配合料。

（4）水貂利用干配合饲料的原则

第一，宜干、鲜饲料混合搭配。这是水貂肠管较短、食物通过消化道时间较快的原因。干、鲜饲料混合搭配有利于提高适口性和干饲料的消化利用率。

第二，利用正规可靠生产厂家的合格产品。

第三，干（浸水后）、鲜饲料搭配比例视不同生产时期而定，一般繁殖期3～5：7～5，非繁殖期5～7：5～3。

第四，干配合饲料利用时必须按说明书要求事先加水充分浸泡，浸泡时间夏季0.5小时、冬季1小时左右，不宜时间过长。干配合料加水的比例为2～3倍量，不宜加水过多使混合饲料过稀。

(5)干、鲜饲料混合搭配饲料量的计算

第一,先确定不同生产时期日粮饲喂量,如幼龄水貂育成期为 300 克/日·只。

第二,再确定浸水后干配合饲料占日粮的百分比,如 70%。

第三,计算浸水后干配合饲料的数量,300 克×70%=210 克。

第四,再确定干配合饲料原料的净用量,假如干配合饲料加水量为 2 倍,干配合饲料净用量占 1/3。

干配合饲料净用量=210 克×0.33=69.3 克

(6)干配合饲料品质鉴别

①感观鉴别　即通过眼观、手摸、鼻闻、嘴啥等方法感官鉴别。质量好的干配合饲料颜色鲜明、无霉变,用手捻摸质地细软、颗粒均匀,鼻闻有自然饲料鲜香气味、人工添加的香料味不浓,口啥细腻无异味。添水稀释时不过黏、料水混合均匀、水料不很快分层、水面无漂浮物,用火烧灼无明显鸡毛烧焦味。

②化学检验法　将干配合饲料样品送饲料检测检验部门检验。

③饲喂试验比较法　选一批体重相近的幼龄水貂分成几组,每组各喂一个厂家的干配合饲料,干鲜搭配比例和饲喂量相同,饲喂 2～3 周时间后再次称量各组幼龄水貂体重,比较各组幼龄水貂日增重。

日增重=(饲喂后体重－饲喂前体重)/饲喂天数

日增重多且成本较低的试验组所喂的干配合饲料即为优选料。

(7)干配合饲料保管　干配合饲料要妥善保管,防霉、防潮、防虫、防鼠害。

不同生产时期的干配合饲料不宜串用、代用。

利用干配合饲料时，必须满足水貂充分饮水需要。

二、水貂日粮配合规则

日粮是每只水貂1日的饲料构成，各种饲料原料通过合理搭配，共同组成日粮。科学的配合日粮是饲养标准化的具体表现。水貂日粮配合必须遵循以下规则。

（一）水貂日粮配合的一般规则

第一，首先要重视水貂属食肉性动物的重要生理特点，日粮配合必须以动物性蛋白质饲料为主，并保证日粮全价性。

第二，要注意水貂全年不同生产时期营养需要的差别，在保证其维持需要的前提下，更要满足其生产的营养需要。

第三，充分利用当地饲料资源，力争多种类混合搭配，以提高水貂的适口性及混合饲料的营养价值。同时，应科学合理地降低饲养成本。

第四，配合日粮时，要注意各种饲料理化性质，避免营养物质之间的互相拮抗或破坏作用。

第五，配合新生产时期日粮时，还需考虑前期日粮营养水平、水貂群体况、健康状况、性别组成等情况。

第六，新日粮配合后要注意观察饲喂效果，遇有问题及时加以修订。

（二）水貂日粮配合的方法

1. 热量配比法配合水貂日粮

第一，热量配比法配合日粮，是以水貂所需代谢能或总能为基础，搭配的饲料以含热量为计算单位，混合饲料所组成的日粮其能量和能量构成达到规定的饲养标准。

第二，对没有热量价值的饲料或热量价值很低的饲料（如添加剂和维生素饲料、微量元素、无机盐类饲料、水等）可不计算其热量，以千克体重或日粮所需计算。

第三，为满足水貂对可消化蛋白质的需要，要核算蛋白质的数量，经调整使蛋白质含量满足要求。必要时也应计算脂肪和碳水化合物的含量，使之与蛋白质形成适宜的蛋能比。为了掌握蛋白质的全价性，对限制性氨基酸的含量也应计算调整。

第四，具体计算时可先算 1 份代谢能即 418.68 千焦（100 千卡）中各种饲料的相应重量，再按照总代谢能（或总能）的份数求出每日每只水貂的各种饲料供给量，并核算可消化营养物质是否符合水貂该生产时期的营养需要；最后算出全群水貂对各种饲料的需要量及其早、晚饲喂分配量，提出加工调制要求，供饲料室遵照执行。

2. 重量配比法配合水貂日粮

第一，根据水貂所处饲养时期和营养需要先确定每日每只水貂所提供的混合饲料总量。

第二，结合本场饲料确定各种饲料所占重量百分比及其具体数量；核算可消化蛋白质的含量，必要时亦核算脂肪和碳水化合物的含量及能量，使日粮满足营养需要的要求。

第三，最后提出全群水貂的各种饲料需要量及早、晚饲喂分配量，提出加工调制要求。

三、水貂营养需要及日粮配合经验标准

国内对水貂营养需要研究尚不透彻，也没有制定和公布相应的国家标准。我国地域很广，各地地理、气候、饲料资源、管理方式各异，也很难做出一个适用于全国范围应用的准确标准。本书仅根据国内饲养水貂的经验，主要依据大连市金州珍贵毛皮动物公司资料，而归纳成下述经验标准。经多年生产实践证明，生产效果良好，适于我国北方养貂地区参考，对其他地区也有借鉴作用(表 5-2，表 5-3，表 5-4)。

表 5-2　水貂营养需要经验标准

水貂生物学时期	代谢能（千焦）	各营养物质的含量(克)		
		蛋白质	脂　肪	碳水化合物
准备配种期和配种期	800～1200	22～28	4～8	12～16
妊娠、产仔、哺乳期	900～1300	26～32	8～12	14～18
幼龄水貂育成期	1000～1400	24～30	6～10	12～16
冬毛生长期	1400～2000	26～32	10～14	16～20

表 5-3　水貂日粮配合经验标准

饲　料	准备配种期和配种期		妊娠期和产仔哺乳期		育成期		换毛期	
	热量比(%)	重量比(%)	热量比(%)	重量比(%)	热量比(%)	重量比(%)	热量比(%)	重量比(%)
鱼　类	55～60	50～55	35～40	35～40	30～35	35～40	30～35	30～35
肉及肉类副产品	15～20	15～20	25～30	25～30	25～30	25～30	25～30	25～30
膨化谷物	15～20	6～8	30～35	10～12	35～40	10～15	35～40	10～15
蔬　菜	1～2	3～5	1～2	3～5	1～2	3～5	1～2	3～5
水	—	15～20	—	15～20	—	15～20	—	15～20

续表 5-3

饲料	准备配种期和配种期		妊娠期和产仔哺乳期		育成期		换毛期	
	热量比（%）	重量比（%）	热量比（%）	重量比（%）	热量比（%）	重量比（%）	热量比（%）	重量比（%）
添加饲料								
大葱（克）	2		—		—		—	
酵母（克）	4		4		3		3	
羽毛粉（克）	1		1		1		1	
食盐（克）	0.5		0.5		0.5		0.5	
氯化钴（毫克）	1		1		—		—	
鱼肝油 *（国际单位）	1500		1500		1500		1500	
维生素 E 油（毫克）*	10		10		10		10	
维生素 B_1（毫克）* *	10		10		10		10	
维生素 C（毫克）* *	25		25		12.5		12.5	
复合维生素 B（毫克）	—		5		—		—	
水貂用添加剂	—		0.5		—		—	

注：肉及肉类副产品中以副产品为主

* 每周一、三、五饲喂；* * 每周二、四、六晚逐只饲喂

表 5-4　混合饲料平均饲喂量　（单位：克/日・只）

月份	1	2	3	4	5	6	7	8	9	10	11～12
饲喂量	300	275	250	325	500	265	445	475	480	500	510

水貂饲料干物质中营养标准见表 5-5。

表 5-5 水貂各生物学时期营养水平推荐值

养分	时期			
	生长前期	冬毛期	繁殖期	泌乳期
代谢能(千焦/千克)	1 670	1 630	1 630	1670
粗蛋白质(%)	38	34	38	42
粗脂肪(%)	19	20	14	22
赖氨酸(%)	2.0	1.7	1.98	2.18
蛋氨酸(%)	1.0	1.1	1.22	1.34
钙(%)	0.6～1.0	0.6～1.0	0.6～1.0	0.8～1.2
磷(%)	0.6～0.8	0.6～0.8	0.6～0.8	0.8～1.0
食盐(%)	0.5	0.5	0.5	0.6

四、饲料加工与调制规则

饲料加工与调制规则适用于饲料加工室的饲料加工和调制工作，亦可作为饲料加工室工作人员的工作守则。

(一)饲料加工的准备程序

第一，严格检查饲料加工用品、器械的卫生和安全性能，遇有异常情况及时维修处理。

第二，严格检查各种原料的质量，剔除个别质量不合格原料，遇有多量饲料质量有问题时，应及时请示主管技术人员或场领导处理，不能盲目进行加工调制。

第三，严格按饲料单所规定的数量检量过秤准备各种原料。

（二）饲料加工程序

按前述“水貂常用饲料及利用规则”要求分生喂、熟喂两类饲料分别加工，为调制做好准备。

第一，生喂冷冻饲料的要事先缓化，充分洗涤干净，拣出饲料中的杂质，特别是铁丝、铁钉等金属废品，以防损坏绞肉机。然后将洗净和经挑选的生喂饲料置容器中摊开放置备用，严禁在容器内堆积存放，以防腐败变质。

第二，熟喂的饲料按规程要求进行熟制加工，不论采取哪种熟制方法（膨化、蒸、煮、炒等），必须达到熟制彻底。熟制方法以膨化效果最佳；其次是蒸、煮、炒，但效果不太好。熟制后的热饲料要及时摊开散热，严禁堆积闷热存放，以防腐坏变质或引起饲料发酵。

第三，晾冷后的熟喂饲料装在容器中备用，注意不能和生喂饲料混在一起存放。

第四，熟喂饲料必须在单独的加工间内存放加工，未经熟制的生料不能存放在饲料调制间内，以防污染。

（三）饲料调制程序

饲料调制是指把各种饲料原料调制成混合饲料的加工工序，在专用的饲料调制间内完成。

1. 饲料的绞制

（1）饲料绞制时间　一般在饲喂前1小时开始，不宜过早进行。

（2）饲料绞制的顺序　一般先绞动物性饲料，然后绞谷物类植物性饲料，最后绞果蔬类植物性饲料。

(3)饲料绞制的细度　对不同饲料要求绞碎的细度也不相同。动物性饲料不宜绞得太碎(绞肉机箅孔＝10毫米)；而植物性饲料添加的精补饲料(肝、蛋、精肉等)则应绞碎一些(绞肉机箅孔＝5毫米)，以便在混合饲料中容易混合均匀，也更有利于水貂消化吸收。

(4)绞制速度　绞制时以均匀速度搅料，充分发挥绞肉机的有效功率。

2. 饲料搅拌程序　饲料搅拌的目的是将绞碎的饲料原料充分混合搅拌均匀，使每只水貂所食日粮均匀一致。

第一，用机械和人力将绞碎的饲料搅拌均匀，添加饲料可同时加入混合饲料中搅拌，混合饲料数量多时也可先搅拌于少许饲料中混匀，然后再加在整个混合饲料中搅匀。中、大型养貂场提倡用机械搅匀饲料。

第二，搅拌饲料时加入水的量也一定按饲料单规定量称量准确，不允许随意添加。如遇混合饲料太稠或太稀时，及时请示技术人员或场领导予以调整。

(四)饲料分发程序

第一，混合饲料搅拌均匀之后，应尽快分发到各饲养员，尽量缩短分发时间。

第二，饲料分发时，严格按饲料分配单规定数量，检量过秤如数分发。不允许按饲养员要求随意增减饲料分发量。

第三，分发饲料如有少许剩余，均摊给每个饲养员，以免造成浪费。如剩余较多，则向技术人员反映，及时予以调整。

（五）加工调制后的整理程序

第一，饲料加工、调制用的所有器具和调制室地面均要洗刷干净。

第二，饲料加工机械及时清洗、检查，遇有异常情况及时检查维修。

第三，水源、电源、火源的安全要认真检查，严防水、电、火患发生。

（六）个人卫生和人身安全

饲料加工人员要养成良好个人卫生习惯和人身安全观念，严防人身事故的出现。

第六章　水貂各生产时期饲养管理技术规程

一、水貂生产时期的划分规则

(一)水貂生产时期与日照周期的密切关系

水貂生产时期与日照周期关系密切,依照日照周期变化而变化。水貂年生产周期起始于秋分,秋分至冬至是日照时间的渐短期,冬至时白昼时间最短。冬至后白昼时间转为逐渐增加,但至春分前白昼均短于黑夜,故秋分至春分这半年时间被称为短日照阶段。水貂在短日照阶段主要生理变化是夏季毛被脱换成冬季毛被、冬毛生长和成熟,性器官生长发育至成熟并发情和交配。这些生理功能均需短日照制约,被称为短日照生理效应。春分过后日照时间逐渐转为白昼长于黑夜,直至秋分为止,故这半年时间被称为长日照阶段。水貂在此阶段主要生理功能是脱冬毛换夏毛,母貂妊娠和产仔哺乳,仔貂分窝、幼龄水貂生长和种貂恢复。称之为长日照效应(图 6-1)。

水貂的生产时期严格依照日照周期,因此要为水貂创造良好的光照环境条件。首先饲养水貂必须在适宜地理纬度(北纬 35°以北)内,同时饲养的局部环境和管理行为不要与自然光照变化有相悖之处。如饲养场内不能有人工照明、植树不能过密、短日照阶段不宜把水貂从光照弱的地方向光照强的地方移动,长日照阶段尤其是母貂妊娠期和产仔泌乳期,不宜把水貂由光照强的地方向光照弱的地方移动。

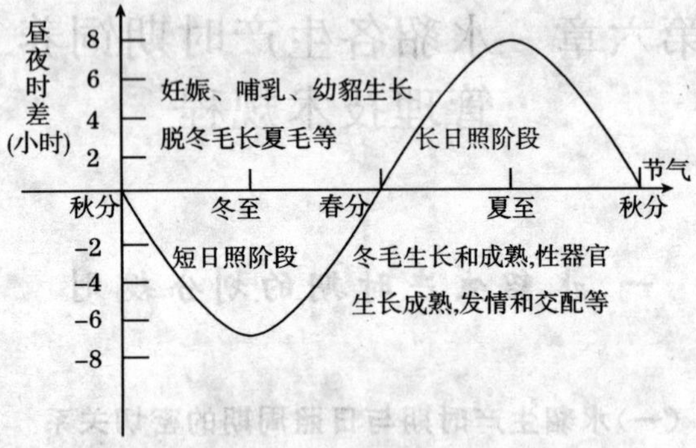

图 6-1　水貂生产时期与日照周期的密切关系

(二)水貂生产时期的具体划分

水貂生产时期的具体划分见表 6-1。

表 6-1　水貂生产时期的划分

性　别	准备配种期	配种期	妊娠期	产仔哺乳期	幼龄水貂育成期		种水貂恢复期
					生长期	冬毛期	
♂	9月下旬至2月下旬	2月下旬至3月中旬			6月上旬至9月中旬	9月下旬至12月下旬	3月下旬至9月下旬
♀	9月下旬至2月下旬	2月下旬至3月中旬	2月下旬至5月上旬	4月中旬至6月上旬	6月上旬至9月中旬	9月下旬至12月下旬	6月上旬至9月下旬

水貂年生产周期中各生产时期的划分,系指种群而言,但个体间会存在参差不齐和互相交错的情况,如先配种的种貂有的已进入妊娠或产仔哺乳期,而后配种的种貂可能仍在配

种期或妊娠期。本时期划分考虑了群体大多数水貂所处的生产时期，因此对整个水貂群的饲养管理有利。

水貂各生产时期划分不是截然独立的，前后时期有互相依赖的关系。全年各生产时期均很重要，前一时期的管理失利会对后一时期带来不利影响，任何一个时期的管理失误都会给全年生产带来不可逆转的损失。但相对来讲繁殖期（准备配种期至产仔哺乳期）更重要一些，其中尤以妊娠期更为重要，是全年生产周期中最重要的管理阶段。

二、准备配种期饲养管理规程

本规程适用于整个准备配种期饲养管理全过程。

（一）准备配种期饲养管理的任务

准备配种期时间近半年之久，饲养管理主要任务是促进种水貂冬毛迅速成熟和性器官发育，调整好种貂体况，为繁殖奠定良好的基础。

（二）促进冬毛成熟和性器官发育

饲养上要满足种貂冬毛成熟和性器官生长发育的营养需要，为配合调整体况，日粮要求高蛋白质和较低能量水平，保证全价蛋白质饲料和繁殖所需维生素的补给（详见第五章水貂日粮配合经验标准）。

（三）种貂体况的调整

分两个阶段进行。秋分（9 月下旬）至冬至（12 月下旬）之间，种貂体况应中等偏上；12 月下旬至翌年 2 月下旬，种貂体况应下降至中等水平(图 6-2),母貂要中等略偏下,公貂中等略偏上。种貂的适宜体重指数为 24～26(体重克数/体长厘米数)。体长系指鼻尖至尾根的垂直距离,称量时要准确无误。

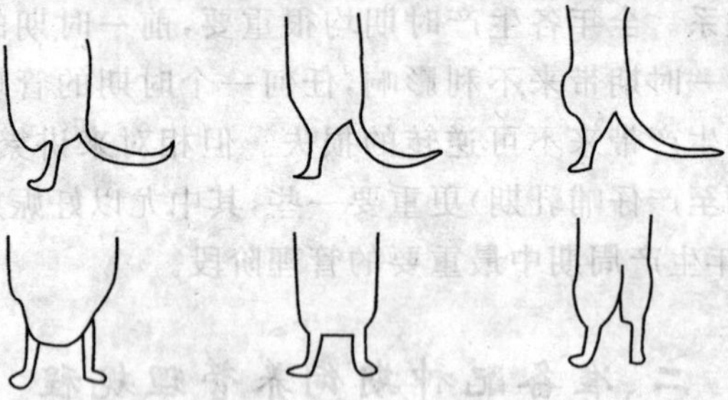

6-2 种貂体况示意图 (上:侧位图,下:正位图)

1. 肥胖 2. 适中 3. 瘦弱

(四)保证适宜光照

种貂可降低光照强度(养在北侧光照较低的笼舍),禁止一切人为照明。而冬至以后种貂宜增加光照强度(养在南侧光照充足的笼舍,或保持原位置不移动)。

(五)配种来临前异性刺激

在配种前的 1～2 周内,加强对种公貂的异性刺激,促进水貂群性兴奋。简便的方法是公、母貂互换笼舍穿插排列,或将母貂装入串笼内放在公貂笼内或上方(彩图 30)。隔三差五地向日粮中加入少许葱、蒜类有辛辣气味的饲料,也有促进发情的作用。葱、蒜类饲料不宜多喂,超过 30 克/日·只会引起中毒。也没必要天天都喂,否则习以为常就失去新奇刺激的作用了。

（六）做好配种期的各项准备工作

主要是配种工作计划、种貂选配计划、人员技术培训和所需物品、药品准备等。

准备配种期饲养管理很重要，但往往被养貂者忽视。配种来临前才开始重视的做法是不可取的。

三、配种期饲养管理规程

本规程适用于水貂配种期饲养管理全过程。

（一）配种期饲养管理的工作任务

确保发情母貂适时受配，保证交配质量，提高种公貂交配率、精液品质和母貂受胎率。

（二）准确进行母貂发情鉴定

采取外生殖器官目测检查、阴道细胞图像检测和放对试情相结合的方法准确进行母水貂发情鉴定。以目测外生殖器官变化为主，以阴道细胞图像检测为辅，以放对试情为准，准确把握种母水貂的交配适机。

（三）仔细观察种貂交配行为，确保交配质量

认真观察公、母貂的交配行为，确认母貂真受配、假受配或误配。交配时间短不易确认时，应佐以显微镜检查精子来确认。对确认假受配或误配的母貂，应尽快更换公貂进行有效补配。正常饲养条件下，母貂受配率应不低于95%。

（四）精液品质检查，淘汰不育公貂

配种开始后必须对公水貂进行精液品质检查，严格淘汰精液品质不良的不育公貂。注意公貂群精液品质的变化，遇有精液品质普遍下降，应及时查明原因，加强饲养管理。

（五）合理利用种公貂，确保其精液品质

尽量减少公貂的交配频度，连续交配 3～4 日次时，必须休息 1～2 日，整个配种期内都要培训小公貂学会配种，提高公貂利用率，正常饲养情况下公貂利用率应不低于 90%。

（六）提高放对配种的效率，保证种公貂的休息

事先做好翌日种貂的选配计划，优先放对复配母貂，抓紧在清晨和傍晚凉爽时间放对，提高工作效率，保证种公貂有充足时间休息。

（七）监控种貂体况

配种期公貂体能消耗较大，体况易于急剧下降，应增喂精补饲料，或于中午单独补饲，或将精补饲料加入晚食饲喂。母貂体况在配种期间仍要保持配种前的中等水平，千万不要使母貂体况在配种期间急剧上升。

（八）杜绝和减少事故发生

配种期要随时注意检查笼门和小室门，防止跑貂现象；严防错抓、错放或漏放的现象；注意配种中对公、母貂的观察和护理，严防种貂被咬伤、咬死；饲养人员也要注意自身安全，防止被种貂咬伤。

（九）做好记录和资料整理

配种期要及时、认真做好各项记录，配种期结束后，要将原始记录资料归纳整理并存档保存。

四、妊娠期饲养管理规程

本规程适用于水貂母貂妊娠期饲养管理全过程。

（一）妊娠期饲养管理的重要意义

妊娠期是指交配后至产仔前、胚胎生长发育的整个时期，是全年饲养管理的最重要阶段。妊娠期如同农作物的保墒期，一旦饲养管理失误，所造成的损失是母貂胚胎的群体损失，而非水貂的个体损失。因此，是决定种貂繁殖成绩的最关键的生产时期。

（二）妊娠期工作任务

满足母貂和胎儿营养需要，调整好母貂体况，以期生产健壮仔貂并为母貂产后泌乳创造良好的保证条件。

（三）妊娠期的日粮

妊娠期日粮要求做到饲料品质鲜、营养价值全、适口性强、数量适当，具体日粮标准见第五章水貂日粮配合经验标准。

（四）适时增加日粮量

水貂于清明节（4 月上旬）以后才能视种母貂妊娠情况适当增加日粮量和营养水平，不宜过早。日粮饲喂量的增加主要是精补饲料的补给。

(五)适当控制体况

种母貂妊娠期体况控制仍不能忽视,妊娠前期应保持配种期的中等或中等略偏下的体况,妊娠后期至产仔前升至中等略偏上的体况,千万不要在产仔前升至上等体况。

(六)严防疾病发生

妊娠母貂抵抗力降低,易发各种疾病,要以预防为主,严防疾病发生。一旦出现疾病情况,要及时对症治疗,同时应用黄体酮药物保胎。遇有肠管疾病发生时,要及时查明原因并调整饲料。

(七)保持环境安静

妊娠母貂胆小易惊,妊娠期要谢绝参观,饲养员要定群管理,减少噪声干扰,保持环境安静。

(八)产前产窝消毒和添加保温垫草

按预产期提前1~2周时间对产窝进行消毒(3%热碱水洗刷或火焰喷烧)并加垫清洁、干燥、柔软的保温垫草,让母貂熟悉和习惯窝室环境,自行整理做窝。临产前还要检查母貂做窝情况,遇有做窝不好的,还需重新絮草。

做好产仔期产仔保活各项准备工作。

五、产仔哺乳期饲养管理规程

本规程适用于水貂母貂产仔哺乳期饲养管理全过程。

(一)产仔哺乳期工作任务

产仔哺乳期主要饲养管理任务是给仔貂创造正常成活所必需的环境条件(正常的母性、充盈的乳汁、适宜的窝温、健康的身体和安静的环境),尽最大努力进行产仔保活。

(二)做好产仔保活工作

按第三章水貂产仔保活技术规程认真做好产仔保活工作。

(三)产仔母貂的饲养

母貂产仔后不再控制其日粮量,保证产仔母貂吃饱吃好。日粮标准可持续妊娠期水平或略高于妊娠期水平。适当增加脂肪和催乳饲料(精肉、奶、蛋、肝等)有助于母貂增加泌乳并提高乳汁质量。添加饲料(维生素、无机盐、微量元素等)应考虑到仔貂的需要,按妊娠期量加倍供给。日粮配方详见第五章水貂日粮配合经验标准。

(四)促进母貂泌乳并提高母乳品质

关键是促进母貂泌乳并提高乳汁品质。注意仔貂生长发育和母貂泌乳情况,遇有大群仔貂生长发育滞后、母貂泌乳力不足时,要及时查找原因,改善饲养管理。

(五)保持产窝卫生

仔貂在3周龄后开始采食饲料,母貂不再为其舐食粪便,因此产窝内会变得潮湿污秽,应注意保持产窝的卫生,勤换垫草。

（六）哺乳后期注意母仔关系的行为变化

产仔哺乳的前、中期母仔关系非常和谐融洽，而哺乳后期，由于母乳分泌减少，母仔关系变得疏远和紧张，应随时观察这些行为变化，一旦出现母、仔貂间或仔貂之间发生敌对的咬斗行为，要采取适时分窝的措施，防止咬死、咬伤事故发生。

（七）产仔母貂的管理

注意观察产仔母貂的食欲、粪便、母性行为变化，及时发现患病个体并对症治疗。增加饮水供给，保持环境安静。做好仔貂分窝的笼舍、用品准备工作。

（八）仔貂及时分窝

分窝是指让仔貂离开母貂独立生活。适时分窝是指仔貂分窝后能独立生活，且生长发育不出现停顿或负增长现象。适宜的分窝时间在 35～60 日龄间；生长发育正常者一般在 40～45 日龄；仔貂分窝后做好幼龄水貂位置和其母源关系的记录，以防系谱错乱不清。

（九）仔貂分窝时的初选

仔貂分窝时要进行第一次母、仔貂选种，称初选或窝选（详见第四章种水貂选种技术规程）。

六、幼龄水貂育成期饲养管理规程

本规程适用于幼貂整个育成期（生长期和冬毛期）饲养管理全过程。

(一)幼龄水貂育成期

是指仔貂分窝以后至体成熟(12 月下旬)的这段时间,其中分窝至秋分(9 月下旬)是幼貂体格迅速增长期,故又称幼龄水貂生长期或育成前期;秋分至冬至是幼龄水貂、种貂冬毛生长成熟的阶段,故对皮貂而言又称冬毛生长期或育成后期;而对种貂而言,秋分以后已转入准备配种期,故种貂的准备配种期与冬毛生长期是相互重叠的。

分窝后的幼龄水貂宜 2 只合养。刚分窝的幼龄水貂胆怯惊恐,合养可减轻其孤独感,有利于迅速渡过刚分窝时的不适应期。依据国外经验整个育成期幼龄水貂适于一笼双养,可增进食欲和健康,减少自咬、食毛症的发生率。

(二)适时疫苗接种

幼龄水貂分窝后的前 3 周内,必须及时进行犬瘟热、病毒性肠炎疫苗接种,严防这两种传染病发生。犬瘟热疫苗皮下接种,肠炎疫苗肌内注射。一定要按此免疫程序要求分期给幼貂疫苗免疫接种。否则,若免疫接种时间早于 2 周,幼龄水貂体内母源抗体会中和疫苗(抗原)使免疫效果降低;如免疫时间超过 3 周,幼龄水貂体内母源抗体消失出现免疫空档,会出现感染发病。

水貂的免疫应答与其健康状态直接相关。疫苗免疫接种期间要加强饲养管理,减少不良应激的刺激,勿使用免疫拮抗药物(地塞米松等)。

(三)适时增加饲料量

应投喂营养丰富、品质新鲜、容易消化的饲料,日粮饲喂量逐渐增多，以便幼龄水貂适应独立采食，防止出现消化不良和消化道疾病现象。分窝半个月以后逐渐提高日粮饲喂量，以幼龄水貂吃饱而不剩余浪费为原则。幼龄水貂吃饱的标志是喂食后1小时左右饲料才能吃光，且消化和粪便情况无异常。饲喂时间应尽量在早、晚天气较凉爽时进行。具体日粮标准详见第五章。

幼龄水貂育成期正是催大个的关键阶段，提倡干配合饲料与自配鲜饲料混合搭配，以增加干物质的采食量，促进幼龄水貂的生长发育。混合饲料宜稠不宜稀，干配合饲料加水量以2～2.5倍为宜。

（四）加强卫生管理，预防疾病发生

幼龄水貂育成期正值天气炎热的时期，也是各种疾病的多发期。首先要加强饲养管理，提高幼龄水貂的抗病力；其次要加强卫生管理，及时清理笼网、地面粪便，搞好环境卫生；另外，要及时发现患病幼龄水貂，及早治疗疾病。

（五）严防幼龄水貂中暑

夏季炎热，尤其是闷热无风天气时，要严防幼龄水貂发生中暑。预防措施是向笼舍地面洒水降温，中午和午后经常驱赶熟睡的幼龄水貂运动，张挂遮阳网防止阳光直射笼舍等。要准确掌握食盐喂量，盐量增多又缺乏饮水时，极易诱发幼龄水貂中暑。

（六）种水貂复选

秋分时节（9月下旬至10月上旬）要抓住观毛选种的有利时机，在窝选（初选）的基础上，主要根据幼龄水貂秋季换毛情况进行种龄水貂复选(选种标准见第四章)。秋分后选留的种水貂转入准备配种期饲养,而皮水貂转入冬毛生长期饲养。

(七)皮水貂转入低照度环境饲养

秋分以后要将皮水貂养在棚舍光照度较低的地方(如棚舍北侧或树荫下),这有利于皮水貂肥育和提高毛皮质量。

(八)皮水貂的肥育饲养

皮水貂在保证冬毛正常生长发育的同时,宜肥育饲养,以期生产张幅大的毛皮。肥育饲养的日粮要求适宜的蛋白质水平和较高的能量水平,提高能量以补给脂肪为主,不能过多增加谷物类饲料。日粮标准详见第五章。

(九)及时清理笼网粪便和活体梳毛

要及时清理皮貂笼网上积存的粪便,以免沾污毛绒,遇有皮貂毛被脏污、缠结时,要及时进行活体梳毛。

(十)做好皮水貂取皮准备工作

11 月下旬以后皮水貂毛皮已逐渐成熟,应在取皮前做好各项取皮准备工作。

(十一)监测幼龄水貂生长发育及冬毛成熟情况

幼龄水貂育成前期要定期检测其体重的增长情况,了解其生长发育动态;幼龄水貂育成后期则要定期观察冬毛生长成熟情况,如发现幼龄水貂生长发育滞后或皮貂冬毛生长成熟缓慢,则应及时查找原因,并迅速加以改正。正常饲养管理条件下,幼龄水貂体重增长的标准见表 6-2,图 6-3。

表 6-2　幼龄水貂平均体重指标　（单位：克）

月·日	7·1	8·1	9·1	10·1	11·1
公　貂	850	1300	1600	2010	2500
母　貂	650	900	1000	1130	1420

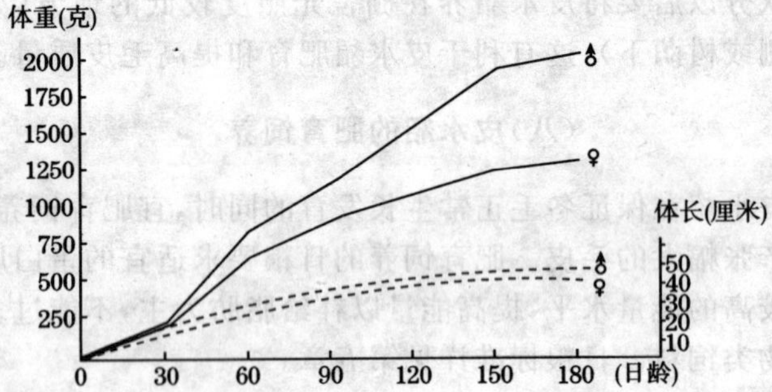

图 6-3　金州黑色标准水貂生长曲线

七、种水貂恢复期饲养管理规程

（一）种水貂恢复期饲养管理的任务和意义

种水貂恢复期是指公水貂结束交配、母水貂结束哺乳后至准备配种期开始前的恢复时期。饲养管理任务是优选翌年种水貂，促进其体况恢复，这对保证其翌年种用价值有重要作用。

（二）母水貂哺乳结束后立即进行选种

选择当年繁殖力高的公、母水貂继续在翌年利用（选种标准详见第四章）。

（三）淘汰的老种貂及时埋植褪黑激素

淘汰的老种貂于 6 月份及时埋植褪黑激素，以便在 9 月底至 10 月上旬提前取皮（详见后文褪黑激素埋植操作规程）。

（四）种貂恢复期的饲养

公、母貂繁殖结束后的头 2～3 周内仍应喂给繁殖期日粮，4 周以后再转喂恢复期日粮。种母水貂断奶的头 1 周时间内应减少日粮饲喂量，以防发生淤滞性乳房炎。对个别繁殖力高而营养消耗大的体弱母水貂（称授乳症）应格外特殊照顾。

（五）种貂恢复期的管理

继续留种的种貂要集中在一起，以便于管理，注意及时发现和治疗所出现的疾患，并于繁殖结束后和翌年繁殖前接种两次疫苗防疫。

（六）注意种水貂恢复情况

恢复期至秋分（9 月下旬）时结束，秋分季节种貂已明显换秋季毛是恢复良好的体现。如秋分季节种水貂换毛尚不明显，则应在准备配种期内加强饲养管理。

八、埋植褪黑激素诱导冬毛早熟技术规程

本规程（水貂埋植褪黑激素技术规程）适用于皮水貂埋植褪黑激素促进冬毛早熟及埋植后饲养管理的全过程。

（一）购买质量可靠的褪黑激素产品

质量可靠的褪黑激素应含量充足、埋植后缓释时间长（3～4个月），效果明显。褪黑激素产品质量稳定，一般常温避光保存1～2年亦不失效，但在冰箱中低温保存效果更佳。

（二）褪黑激素适宜埋植时间

1. 淘汰老种貂的适宜埋植时间 老种貂繁殖结束即仔貂断奶分窝后要适时初选，淘汰的老种貂在6月份埋植褪黑激素。但埋植时老种貂应有明显的春季脱毛迹象，如冬毛尚未脱换应暂缓埋植，否则效果不佳。

2. 幼龄水貂埋植时间 当年淘汰幼龄水貂应在断奶分窝3周以后，一般进入7月份埋植褪黑激素，出生晚的幼龄水貂也可在8～9月份埋植。虽然此时埋植对提前取皮效果不明显，但埋植后有促进生长、增加育肥和促进毛绒成熟的作用，对提高毛皮质量有益。

（三）埋植部位

埋植部位在皮水貂颈背部略靠近耳根部的皮下处。埋植时先用一只手捏起皮水貂颈背部皮肤，另一只手将装好药粒的埋植针头斜向下方刺透皮肤，再将针头稍抬起平刺至皮下深部，将药粒推植于颈背部的皮肤下和肌肉外的结缔组织中。注意勿将药粒植入至肌肉中，否则会因加快药物释放速度而影响使用效果。

（四）埋植剂量

老种貂、幼龄水貂均埋植 1 粒，没必要增加埋植剂量。但要注意防止埋植中药粒丢脱。

（五）埋植时的药械消毒

褪黑激素埋植使用专用的埋植注射器（彩图 31）。埋植时要严格注意埋植药械和埋植部位的消毒，要用消毒酒精充分浸湿药粒和埋植器针头，埋植部位毛绒和皮肤也要用酒精棉擦拭消毒，以防发生感染。

（六）埋植后皮水貂的饲养管理

1. 埋植后皮水貂的饲养

（1）采用冬毛生长期饲养标准　皮水貂埋植褪黑激素后已转入冬毛生长期生理变化，故应采用冬毛生长期饲养标准饲养。

（2）适时增加和保证饲喂量　皮水貂埋植褪黑激素 2 周以后，食欲旺盛，采食量急剧增加，要适时增加和保证饲料供给量，以皮水貂吃饱而少有剩食为度。

2. 埋植后皮水貂的管理

（1）低照度环境饲养　皮水貂宜养在棚舍内光照较弱的地方，防止阳光直射，可提高毛皮质量。

（2）及时活体梳毛　检查皮水貂换毛和毛被生长状况，遇有局部脱毛不净或毛绒黏结时，要及时活体梳毛。

（3）加强笼舍卫生管理　根治螨、癣类皮肤病。

（七）埋植褪黑激素皮水貂的取皮

1. 埋植褪黑激素皮水貂的取皮时间 从埋植日计算，90～120 天内为适宜取皮期，正常饲养管理条件下，皮水貂的毛皮在此时间内均能正常成熟。

2. 埋植褪黑激素 120 天后强制取皮 褪黑激素埋植一般在皮水貂体内缓释 3～4 个月的时间，如埋植褪黑激素 120 天后皮水貂的毛皮仍达不到成熟程度，也要强制取皮。一般不要再继续等待，否则会出现毛绒脱换的不良后果。

第七章　水貂场管理标准化

一、水貂饲养场场址选择规则

本规则适用于水貂饲养场场址选择。

(一)水貂场址选择的综合条件

水貂饲养场场址选择，应综合考虑水貂的生物学特性、地理条件、饲料条件、社会条件、环境条件等综合因素。

(二)水貂场址选择的具体条件

1. 地理条件

(1)地理纬度　北纬35°以北地区适合饲养水貂；北纬35°以南地区不宜饲养，否则会引起毛皮品质退化和不能正常繁殖的不良后果。

(2)海拔高度　中、低海拔高度饲养水貂适宜；高海拔地区(3 000米以上)不适宜，高山缺氧有损水貂健康，紫外线光照度高亦降低毛皮品质。

2. 饲料条件

(1)饲料资源条件　具备饲料种类、数量、质量和无季节性短缺的资源条件(详见第五章)。

(2)饲料贮藏、保管、运输条件　主要指鲜动物性饲料的冷冻贮藏、保管条件和运输条件。

(3)饲料的价格条件　具备饲料价格低廉的饲养成本条

件。饲料的其他条件再好，但价格贵了，饲养成本高，养殖无效益的地区不能选建水貂饲养场。

3. 自然环境条件

(1)地势　要求地势较高燥或较平缓、排水通畅、背风向阳。地势低洼、潮湿、泥泞的地方不能选建场。

(2)面积　场地的面积既要满足饲养规模的设计需要，也应考虑到有长远发展的余地。

(3)坡向　坡地要求不要太陡，坡地与地平面之夹角不超过 45°。坡向要求向阳南坡，如在北坡的话，则要求南面的山体不能阻挡北坡的光照。如在海岛地形上建场，则按阶梯式设计。

(4)土壤　尽量不占用农田土壤，但要求土壤渗水较好、无沙尘飞扬。雨天地面不泥泞。

(5)水源　水源充足、洁净，以达到饮用水标准，用水量按 1 立方米/日·100 只计算。

(6)气象和自然灾害　易发洪涝、飓风、冰雹、大雾等恶劣天气的地区不宜选建场。

4. 社会条件

(1)能源、交通运输条件　交通便利，煤、电方便，距主要交通干线不近亦不过远。

(2)卫生防疫条件　环境清洁卫生，未发生过疫病和其他农业污染。距居民区和其他畜禽饲养场距离至少 500 米以上、远离水源 1 000 米以上。

(3)低噪声条件　养貂场应常年无噪声干扰，尤其 4～6 月份更不应有突发性噪声刺激。

(4)公益服务条件　大型饲养场职工及职工家属较多，应考虑就近居住和社会公益服务条件。

（三）场址选择的实施

1. 踏查和勘测 依据场址选择具体条件逐项进行踏查和勘测，水源水质等重要项目，需实地取样检验。有条件的地方可多选几处场地，以便于对比评估和筛选。

2. 评估和论证 聘请有经验的专家或专业技术人员共同对所踏查和勘测的地块充分评估和论证，权衡利弊，确定优选场址。

3. 用科学态度选好场址 不搞迷信活动，不搞占卜问卦等迷信活动。

4. 办好用地手续 场址选好后，应迅速视需用土地的面积、类型、性质等，按国家有关法律办理土地使用手续。

二、水貂饲养场场地规划规则

本规则适用于大、中型水貂饲养场规划、布局。

（一）水貂饲养场规划的内容及总体原则

1. 水貂饲养场规划内容 水貂饲养场总体规划主要内容是饲养场区（生产主体）、生产服务场区（主体的直接服务区）、职工生活和办公区（主体的间接服务区）的设置和合理布局。

2. 水貂场场地规划总体原则

第一，加大生产主体即饲养区的用地面积，尽量增加载貂量，根据实际需要尽量缩减主体服务区的用地面积，以保证和增加经济效益。饲养区用地面积与服务区用地面积之比例应不低于 8∶2 的比例。

第二，各种设施、建筑的布局应方便于生产，符合卫生防疫条件，力求整齐规范。

第三，整个水貂场建设标准应量体裁衣，因地制宜，尽量压缩非直接生产性投资。

第四，根据总体规划分阶段建设投资，并为长远发展留有余地。

（二）水貂饲养场规划的具体要求

1. 饲养场区的规划要求 饲养场区主要建筑为棚舍和笼箱。应设在光照充足、不遮阳、地势较平缓和上风向的区域。饲养区内下风处还应设置饲养隔离小区，以备引种或发生疫病时暂时隔离使用。

2. 生产服务区规划要求

第一，生产服务区中饲料贮藏加工设施应就近建于饲养区的一侧，离最近饲养棚（栋）的距离 20～30 米，不要建在饲养场区内或其中心位置。其他配套服务设施也不要离饲养区过远。

第二，生产服务场区水、电、能源设施齐全，布局中应考虑安装、使用方便。

第三，生产服务区布局应注重安全生产，杜绝水、火、电的隐患。

3. 生活服务区的规划要求

第一，生活服务区与生产区要相对隔离，距离稍远。

第二，生活服务区排出的废水、废物不能对生产区带来污染。

4. 环保规划要求 依据《中华人民共和国环境保护法》相关内容执行。

第一，按环保的要求、杜绝环境污染。饲养场区院外的下风口处应设置积粪池(场)，粪便和垃圾集中在积粪池(场)，经生物发酵后作肥料肥田。也可及时将粪便拉至场外沤肥。饲料室的下水要通畅，废水排放至允许排放的地方。

第二，加强绿化、净化环境。整个场区均要植树，种花种草，减少裸露地面，绿化面积应达场区的30%以上。

三、水貂场设施建设标准

本标准依据国家林业局《毛皮动物(兽类)驯养繁育利用技术管理暂行规定》(林护发2005　91号)执行。适用于生产区棚舍、笼箱等直接生产设施建设。

(一)棚舍和笼箱

1. 棚舍 棚舍建筑要求通风透光、避雨雪，在棚舍设计、建造和改造的过程中，应考虑光照条件、空气质量、方向位置、水源条件等各种环境因素，创造适合水貂生理特点的生活环境。

棚舍建设应该根据场地实际情况，在确保采光和通风的条件下，自行确定走向和长度。棚舍走向一般以东西走向为宜，既利于种、皮水貂分群饲养，又对夏季防暑有利。

棚脊高2.6～2.8米，棚檐高1.4～1.6米，棚宽3.5～4米，棚间距3.5～4米(图7-1，图7-2，彩图32，彩图33，彩图34)。

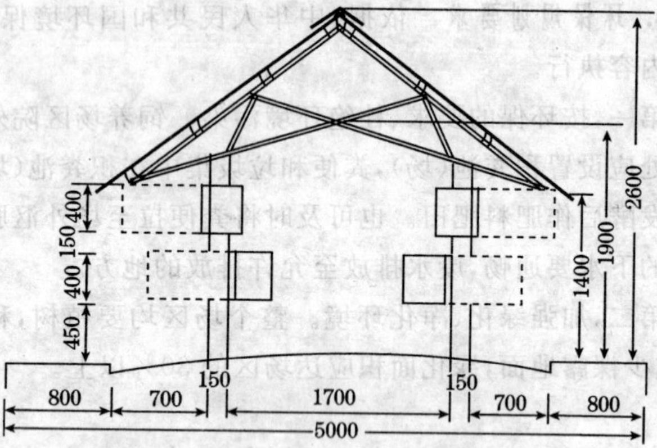

图 7-1　高窄式标准棚舍　（单位：毫米）

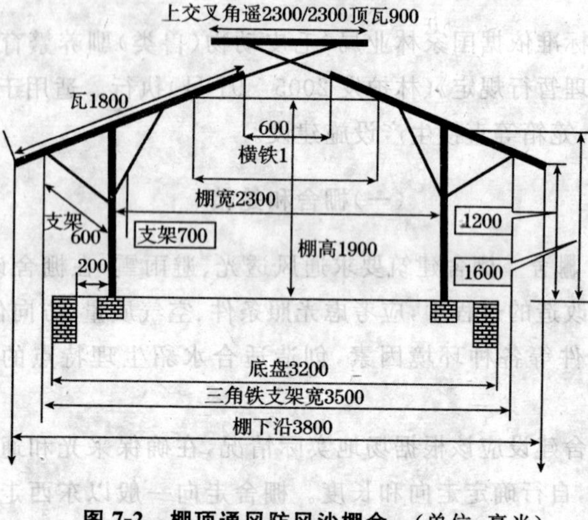

图 7-2　棚顶通风防风沙棚舍　（单位：毫米）

2. 笼箱　笼箱距地面的高度不低于45厘米。笼箱设置采食和饮水用具，同时应保证水貂的安全舒适及活动需要。

种水貂活动面积不低于 2 700 平方厘米/只；皮水貂活动面积不低于 1 800 平方厘米/只。种水貂笼长 90 厘米、宽 30 厘米、高 45 厘米；皮水貂笼长 60 厘米、宽 30 厘米、高 45 厘米。种水貂小室和皮水貂小室均为长 25 厘米、宽 32 厘米、高 45 厘米（彩图 35，彩图 36，彩图 37）。

（二）饲 料 间

饲料间大小视养殖规模而定，应具备饲料洗涤、粉碎、搅拌等加工设施，要防水、防潮、防鼠、防火（彩图 38）。

（三）兽 医 室

兽医室应能满足水貂疾病预防、检疫、检验及治疗的需要，规模应与饲养种群相配套。

（四）取皮加工室

取皮加工室应满足水貂处死、剥皮、刮油、洗皮、上楦、干燥等操作的需要，规模应与饲养种群相适应。

（五）化粪池及垃圾处理场

依据《中华人民共和国环境保护法》、《中华人民共和国畜牧法》规定标准执行。

四、水貂场经营管理规则

本规则简述了水貂场经营管理的理念、计划管理、效益管理的原则，适用于对水貂场宏观管理。

（一）水貂场经营管理的理念

水貂场经营管理所追求的目标是优质、低耗、高效。达到高效养殖的经营理念应该是：以种貂为根本、以市场信息为导向、以饲料为基础、以技术管理为保证、以资金做后盾、以效益为中心。

1. 以种貂为根本 种水貂的品质不仅体现自身价值，而且决定了产品的质量和经济效益。不论新、老水貂养殖场，都应把种貂放在经营管理的首要根本地位。确立良种意识观念，力争人无我有、人有我多、人多我精、人精我特。

2. 以市场信息为导向 一个养貂场必须有一个较长时期的奋斗目标和符合市场需求的近期发展方向。以市场信息为导向才能生产市场适销对路的产品，增强竞争能力

3. 以饲料为基础 饲料是养殖水貂的最重要的基础条件，又是饲养成本的决定因素。抓好这一基础保证，不仅能获得种貂良好繁殖效果，而且还将科学地降低饲养成本。

4. 以技术管理为保证 水貂养殖的技术环节性很强，每年只有1次繁殖周期，容不得任何季节和环节的失误。水貂养殖的疾病风险性也很大，也需要用科学的管理去严加防范。因此，要加强科学技术管理，向科技要效益。大、中型养貂场要配备得力的技术管理人员，加强对职工技术培训，不断提高总体技术水平。

5. 以资金做后盾 水貂养殖投资较大，特别是流动资金投入较多，养殖水貂一定要量体裁衣，适度发展，确保流动资金的来源和流通。

6. 以效益为中心 养貂的最终目的就是获得较好的经济效益，只要坚持上述的经营理念，就能达到优质、低耗、高效

的目的。

(二)水貂场的计划管理

水貂养殖是一项计划性很强的管理工作。水貂场计划管理主要内容有经济计划管理、饲料计划管理、生产计划管理和人员计划管理等方面。

1. 水貂场经济管理

(1)水貂场生产成本分析　成本是指单位产品的物力与人力消费,分为直接消费和间接消费。

①直接消费　是指直接投入产品生产过程的消费,包括饲料费、饲养员工资、饲养场直接使用的工具、场地、当年维修费等。这部分消费占成本的绝大部分并且是必需的。

②间接消费　是指用于服务性生产的消费,主要指后勤、行政人员工资、非生产性建设投资、行政管理费用等。这部分消费应占成本的较少部分,经营管理水平和貂群的规模直接影响着间接费用。配套条件适宜的大、中型养貂场,间接费用较低。

(2)水貂场收入分析　水貂场经济收入主要是出售皮张、种貂收入,其次为副产品收入。

第一,在条件允许情况下,水貂饲养的总只数及平均产量越多,则总收入随之增加。

第二,产品的质量对售价影响很大,故优良种貂及其产品在成本不变的情况下,收入却能明显提高。

(3)水貂场经济效益分析　水貂场的总收入减去总支出,即为经济效益,正数为盈利、负数为亏损。

①水貂场正常效益　水貂正常生产水平,群平均育成幼貂数应达 4 只,产品按皮张计算其成本利润率为 30%～50%。

②水貂场效益风险点　水貂场的效益在成本和产品售价不变情况下，其盈利直接取决于群平均生产幼龄水貂的多少。当育成貂数低于某一数值时，效益上将出现亏损，这一决定盈亏的临界数被称为风险点。水貂年终群平均育成幼龄水貂的风险数为 2.5 只。

2. 水貂场饲料的计划管理

(1)水貂场饲料计划管理的重要性　水貂饲料以动物性为主，采购、贮存均有一定困难，但其又是水貂养殖必不可少的物质基础，所以一定要加强计划管理，保质、保量、保应时。

(2)水貂饲料消耗计划　水貂年、季度各种饲料消耗计划见表 7-1。

表 7-1　水貂饲料消耗计划　(单位：千克)

季度	鱼肉类（按瘦肉计算）	奶类	谷物类	蔬菜类	鱼肝油	酵母
成年水貂						
1	13.2	0.7	1.7	1.8	0.08	0.24
2	21.8	3.9	1.9	2.5	0.16	0.50
3	13.9	—	1.7	1.2	0.09	0.25
4	14.5	—	2.1	1.4	0.09	0.26
总计	63.4	4.6	7.4	6.9	0.42	1.25
幼龄水貂						
2	2.1	0.3	0.2	0.2	0.01	0.04
3	16.0	0.5	1.8	1.6	0.06	0.29
4	11.6	—	1.6	1.5	0.05	0.21
总计	29.7	0.8	3.6	3.3	0.12	0.54

(3)饲料管理的要点

①确保饲料质量　采购中不购买品质失鲜、污染病原或

有毒有害物质污染的饲料。贮存中确保贮藏条件，尤其是动物性饲料运回冷库后要先速冻，后冷藏，贮藏温度－15℃以下。

②确保饲料数量　采购、供应要确保水貂群对饲料数量的需求，不能出现青黄不接现象。尤其是妊娠母貂的饲料要贮备充足，主要动物性饲料种类不能中途更换。

③确保应时供应　水貂不同生产时期对饲料种类、品质有不同要求，要应时应季保证供应。

④及时清理　要及时清理库存，报废废弃饲料，并作无公害处理。

3. 水貂场生产技术管理

(1)水貂场生产任务　水貂场生产任务主要计划每只母貂断奶分窝和年终平均育成幼龄水貂数，年终增加或缩减种群数以及生产的产品数及其等级质量等。

(2)生产定额

①生产定额的内容　饲养人员应实行生产定额管理并与全场生产计划相适应。应明确下列几项计划指标：固定给每个饲养员、饲料加工员的水貂头数；种貂繁殖指标即仔貂、幼龄水貂育成数；生产的产品质量和数量定额。

②生产定额计划原则　生产定额计划应根据本场历年生产水平和员工技术素质灵活确定。既要逐年有所提高，又要切头可行，并与多劳多得的分配原则结合起来。

4. 建立健全各生产人员职责　建立健全各生产人员岗位职责，最好实行全员岗位承包责任制。

(1)场长职责　组织全场劳动，保证饲料供应，制定劳动定额并签订劳动合同；在队长、技术员的协助下，完成生产计划、经济计划、产品质量提高计划。

(2)生产队长职责　协助场长分管饲料出库、称重和加工、确保饲料质量，组织场内繁殖、育种、疾病防治、产品加工及维修等具体管理工作；根据定额落实饲养员、饲料加工员工作岗位并监督指导。

(3)技术员　制定饲料单和貂群品质提高技术措施，落实、解决生产中涉及的具体技术问题，监督、配合场长、队长执行计划，管理好技术资料和技术档案。

(4)饲养员、饲料加工员职责　饲养员和饲料加工员是第一线工作人员，具体负责貂群饲养和饲料加工。要服从场长、队长、技术人员的领导和指导，做好本职工作。生产中遇有技术问题及时请教和汇报。

5. 人员管理　水貂场人员管理实行场长领导下的队长负责制，实行逐级聘用。要注重职工的素质提高，加强理论业务的培训、学习，建立考绩制度和档案。

第八章　产品标准化

一、水貂皮初加工技术规程

本规程适用于水貂处死、剥皮、刮油、上楦、干燥、整理和贮存等生皮初加工的全过程，旨在通过合理的加工工艺和流程，生产出符合商品皮规格的优质原料皮。

（一）正常饲养管理条件下的取皮时间

1. 季节皮取皮时间　水貂正常饲养至冬毛成熟后所剥取的皮张称之为季节皮。季节皮适宜取皮时间一般在农历小雪至大雪（11 月中旬至 12 月上旬）期间，但受饲养管理和冬毛成熟情况所制约。

2. 埋植褪黑激素皮貂取皮时间　埋植褪黑激素的水貂一般在埋植后 3～4 个月的时间内及时取皮，超过 4 个月的时间不取皮，会出现脱毛现象。

3. 准备工作　取皮前做好取皮各项准备工作。

（二）毛皮成熟的鉴定

1. 取皮前　要对皮貂每个个体进行毛皮成熟情况鉴定，成熟一只取一只，成熟一批取一批，确保毛皮质量。

2. 冬皮成熟的标志

（1）*全身毛被灵活一致*　全身毛被毛峰长度均匀一致，尤其毛皮成熟晚的后臀部针毛长度与腹侧部一致，针毛毛峰灵活分散；颈部毛峰无凹陷（俗称塌脖）；头、面部针毛亦竖立。

(2)毛被出现成熟的裂隙　冬皮成熟后皮貂转动身体时，毛被出现明显的裂隙。

(3)皮肤颜色变白　冬皮成熟时，皮肤颜色由青变白，剥下的皮皮板颜色灰白，无黑色素沉着。

3. 试宰观察　正式取皮前选冬皮成熟的个体，先试宰几只，观察冬皮成熟情况，达到成熟标准时再正式取皮，达不到标准时，则不要盲目取皮。

（三）处　死

1. 处死的原则　处死皮水貂要求迅速便捷，减轻死亡过程的痛苦，不损坏和污染皮水貂毛绒。

2. 允许使用的处死方法

(1)药物致死法　常以横纹肌松弛药司可林（氯化琥珀胆碱）处死，按水貂 1 毫克/千克体重的剂量皮下或肌内注射，皮水貂在 3～5 分钟内死亡，死亡过程中无痛苦和挣扎。

(2)普通电击法　将连接 220 伏交流电火线的金属棒插入皮水貂肛门内，令其爪或嘴部接触于连接零线的铁网上，接通电源 3～5 秒钟，皮水貂可立即死亡。

(3)心脏注入空气法　将注射器针头插入皮水貂心脏内，注入 5～10 毫升空气，皮水貂立即死亡。

传统采用的折颈处死法、棒击处死法和踩压处死法，已明令不得采用。

3. 尸体要清洁摆放　处死后的尸体要摆放在清洁干净的物体上，不要沾污泥土灰尘，尸体严禁堆放在一起，以防体温散热不畅而引起受闷脱毛。

（四）剥　皮

按商品皮规格要求剥成头、尾、后肢齐全的筒状皮，切勿开成片皮。

1. 挑裆　用锋利尖刀从一后肢掌底处下刀，沿股内侧长短毛分界线挑开皮肤至肛门前缘约 3 厘米处，再继续挑向另一后肢掌底处。沿尾腹部正中线从肛门后缘下刀挑开尾皮至尾的 1/2 处。将肛门周围所连接的皮肤挑开，留一小块三角形皮肤在肛门上（见后文水貂皮国家标准附图）。将前爪从腕关节处剪掉，或把此处皮肤环状切开。

2. 抽尾骨　剥离尾骨两侧皮肤至挑尾的下刀处，用一手或剪刀把固定尾皮，另一手将尾骨抽出，再将尾皮全部剪开至尾尖部。

3. 剥离后肢　用手撕剥后肢两侧皮肤至爪部，剪断母水貂的尿生殖道和公水貂的包皮囊

4. 翻剥躯干部　将皮水貂两后肢挂在铁钩上固定好，两手抓住后裆部毛皮，从后向前（或从上向下）筒状剥离皮筒至前肢处，并使皮板与前肢分离（彩图 39）。

5. 翻剥颈、头部　继续翻剥皮板至颈、头部交界处，找到耳根处将耳割断，再继续前剥将眼睑、嘴角割断，剥至鼻端时，再将鼻骨割断，使耳、鼻、嘴角完整地留在皮板上，注意勿将耳孔、眼孔割大（彩图 40）。

6. 准备刮油　剥下的鲜皮宜立即刮油。如来不及马上刮油，应将皮板翻到内侧存放，以防油脂干燥，造成刮油困难。

（五）刮　油

刮油的目的是把皮板上的油脂、残肉清除干净，以利于皮

张上楦和干燥。

1. 上楦棍 将鲜皮毛朝里、板朝外套在特制的刮油楦棍上，或将直径 5～8 厘米的硬胶管塞在皮筒内，使皮板充分舒展铺平，勿有折叠和皱褶。

2. 刮除脂肪 用刮刀刮除皮板上脂肪。刮刀不宜太锋利，刀刃与皮板呈 45°角，均匀用力，不要刮得太狠损坏毛囊或将皮板刮破。刮头部残肉时要稍用力些，将残肉刮至耳根处。刮油时手和皮板上要多搓撒些锯末，以防油脂污染毛绒。颈部、后裆和尾部脂肪不易剥除，但要求务必刮净（彩图 41，彩图 42）。

（六）修剪和洗皮

修剪。用剪刀将头部刮至耳根的油脂、残肉和后裆部残存脂肪剪除干净，并将耳孔适当剪大（有利于皮张干燥），勿将皮板剪破，造成破洞。

洗皮。修剪后将皮板用锯末搓洗后抖净，准备上楦。

（七）上 楦

1. 楦板规格 上楦的目的是使鲜皮干燥后有符合商品皮要求的规格形状。楦板的规格是有严格要求的（图 8-1），详见后文水貂皮国家标准。

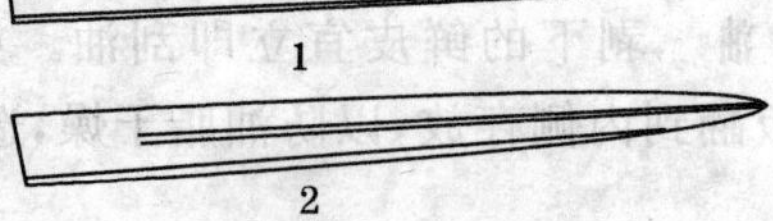

图 8-1 水貂皮楦板

1. 母皮用 2. 公皮用

2. 上楦要求 头部要上正，左右要对称，后裆部、背腹部皮缘要基本平齐，皮长不要过分拉抻，尾皮要平展并缩短。

（八）干 燥

干燥的目的是去除鲜皮内的水分，使其干燥成商品皮所要求的形状，有利于保管贮存。

1. 毛朝外上楦干燥 提倡应用吹风干燥机干燥（详见后文水貂皮国家标准之附录 A），也可用热源加温烘干，但干燥温度应保持在 25℃～28℃，不宜高温烘干，以防皮板受闷掉毛（彩图 43）。

2. 板朝外上楦干燥 板朝外上楦要置于阴凉干燥处，忌在阳光直射下晒干，干至七成时，再翻转成毛朝外上楦继续干燥。

板朝外上楦干燥毛被不平整灵活，皮板也容易出皱褶，影响毛皮质量和美观，故尽量不采用。

3. 及时下楦 无论那种干燥形式，待皮身基本干燥成型后，均应及时下楦。

（九）风 晾

风晾是指下楦后的皮张放在常温室内晾至全干的过程。全干是指皮张的爪、唇、耳部均全部干透。风晾时应把毛皮成把或成捆地悬在风干架上自然干燥（彩图 44）。

（十）整理贮存

1. 清洗毛绒 干透的毛皮还要用锯末搓揉洗皮 1 次，彻底去除污渍和尘土，遇有毛绒缠结情况要小心把缠结部梳开。

2. 初验分类 按毛皮收购等级、尺码要求初验分类，把相同类别的皮张分在一起(彩图 45)。详见后文水貂皮国家标准。

3. 包装贮存 初验分类后，将相同类别的皮张背对背、腹对腹的捆在一起或放入纸、木箱内暂存保管。每捆或每箱上加注标签，标明等级、性别、数量。

4. 注意安全 初加工的皮张原则上尽早销售处理，确需暂存贮藏时，要严防虫灾、火灾、水灾、鼠灾和被盗。

二、水貂皮(生皮)国家标准(修订报批稿)

现将此标准(修订报批稿)全文刊录如下。

前 言

为适应水貂皮的生产、加工、进出口检验，质量监督的需要，维护饲养者、经营者及使用者各方面利益，根据我国水貂皮生产发展较快、质量不断提高的特点，结合我国水貂皮生产、流通的实际，采取主观检验和客观检验相结合的方法对GB/T 14789-93 水貂皮国家标准进行了修订，共修改了46处，制定成本标准。本标准执行之日，即废止GB/T 14789-93 水貂皮国家标准

本标准适用于各种色型水貂皮。

本标准由中华全国供销总社归口。

本标准由中国畜产品流通协会提出，并组织起草工作。

本标准起草单位：中国畜产品流通协会、中国农业科学院特产研究所、吉林农业大学、山东莱阳农学院、河北黄骅市供销合作社。

本标准主要起草人：赵佐仙、朴厚坤、佟煜仁、苏振渝、韩福栋、李茂珍。

水 貂 皮(生皮)

Raw Sable Skins

1 范围

本标准规定了水貂皮剥取加工技术要求,质量标准、检验方法、检验规则、仓贮保管及包装运输。

本标准适用于水貂皮剥取加工、购销、交接检验质量。

2 术语和定义

2.1 生皮 peltry

水貂经剥皮加工、干燥处理后但未经鞣制的皮张。

2.2 正季节皮 the skin in season

产于11月下旬至12月中旬,毛被、毛质、板质自然成熟的皮。

2.3 皮型完整 form whole of skin

按标准楦板和规定皮型上楦,唇、眼、耳、鼻、尾、后腿齐全的筒皮。

2.4 毛色纯正 clear color

毛被颜色,符合色型特征。

2.5 板质良好 nice hide

板质柔韧、富有弹性,油性好,色泽清白、无明显色素。

2.6 伤残 damaged

影响毛质、板质的各种损伤。

2.7 毛峰勾曲 hair top crooked

针毛尖端勾曲。

2.8 撑拉过大 stretched

上楦时将皮张强行拉长,致使皮板变薄、毛线空疏。

2.9 自咬伤 damaged

因患自咬症，致使皮板残缺破损。

2.10 擦伤 rubbed

水貂与笼、舍磨擦，造成毛绒伤损。

2.11 疤痕 scar

患疮疖、疱疹处，板质硬结，毛绒发育不良。

2.12 破洞 hole

皮板上的孔洞。

2.13 白撮毛 white spot hair

毛被上有小面积白色针、绒毛。

2.14 受闷脱毛 shed hair

受湿、热、闷捂，造成脱毛。

2.15 流针飞绒 hair slip

毛被部分针毛脱落，绒毛浮起。

2.16 焦板皮 singe skin

皮板焦灼。

2.17 灰白绒 cotton

标准色水貂皮的绒毛呈灰白色或白色。

2.18 缠结毛 matted hair

针绒毛缠结，呈束状、毡状。

2.19 色型 color type

依毛被基本色分归的类型(国产水貂皮色型主要有：标准色、银蓝色、米黄色、咖啡色、蓝宝石、黑十字、铁灰和白色等)。

2.20 开裆不正 irregular crotching

没按开裆线(见补充件)挑开后裆的皮。

2.21 秃裆 bald crotch

裆部针毛磨损。

2.22 陈皮 shopworn skin

储存时间超过一年的生皮。

2.23 皮型不整 form unusual of skin

未使用标准楦板、按统一规定皮型上楦的皮。

2.24 污染皮 staied skin

饲养、生产加工过程中，所造成的各种毛绒污染。

2.25 非季节死亡皮 the skin in unseason

非正常季节死亡剥取的水貂皮。

2.26 春季淘汰皮 breeders

配种后宰剥的皮。

2.27 毛绒空疏 thin hair

毛绒明显稀少。

2.28 杂花色皮 mixed color

除特殊类型（如十字水貂皮）外，两种色型混合的皮。

3 技术要求

3.1 质量要求

3.1.1 水貂皮品质等级 见表1。

表1 水貂皮品质等级标准

级 别	品质要求
一 级	正季节皮，皮型完整，毛绒平齐、灵活，毛色纯正、光亮，背腹基本一致，针、绒毛长度比例适中，针毛覆盖绒毛良好，板质良好，无伤残
二 级	正季节皮，皮型完整，毛绒品质和板质略差于一级皮标准，或有一级皮质量，可带下列伤残、缺陷之一者： 1. 针毛轻微勾曲或加工撑拉过大； 2. 自咬伤、擦伤、小疤痕、破洞或白撮毛集中一处，面积不超过2平方厘米； 3. 皮身有破口，总长度不超过2厘米

续表 1

级别	品质要求
三级	正季节皮，皮型完整，毛绒品质和板质略差于二级皮标准；或具有二级皮质量，可带下列伤残、缺陷之一者： 1. 毛锋勾曲较重或严重抻拉过大； 2. 自咬伤、擦伤、小疤痕、破洞或白撮毛集中一处，面积不超过 3 平方厘米； 3. 皮身有破口，总长度不超过 3 厘米
等外	不符合一、二、三级品质要求的皮（如受闷脱毛、流针飞绒、焦板皮、开片皮等）

注：彩色貂皮（含十字水貂皮）适用此品质要求

3.1.2 下列情况按使用价值酌情定级

缺材、破耳、破鼻、皮型不整、刮油洗皮不净、污染皮、春季淘汰皮、非季节死亡皮、缠结毛、毛绒空疏和保存较差的陈皮。

对不具备色型特征的彩色貂皮和杂花色皮，按次级皮掌握。

3.1.3 品质比差

3.1.3.1 级别比差

一级 100%，二级 80%，三级 60%，等外 50% 以下按质论价。

3.1.3.2 公母比差

公皮 100%，母皮 70%。

3.1.3.3 尺码规格与比差

见表 2。

表 2 水貂皮尺码规格 （单位：厘米）

尺码号	长度	比差（%）	
		公皮	母皮
000	＞89	150	—
00	83～89	140	—
0	77～83	130	150

续表 2

尺码号	长 度	比差(%)	
		公 皮	母 皮
1	71～77	120	140
2	65～71	110	130
3	59～65	100	120
4	53～59	90	110
5	＜53	—	100

3.1.3.4 毛色比差

a. 标准水貂皮毛色比差，褐色 95%，黑褐色 100%，黑色 105%，漆黑色 110%。

b. 彩色水貂皮暂不实行毛色比差。

4 检验方法

4.1.1 检验室

不受自然直射光线干扰的清洁房间。

4.1.2 检验台

高度 87 厘米，宽度 95 厘米(或根据工作情况自定高低)，长度根据需要而定。台面涂浅色油漆。

4.1.3 工具

量尺板，卷尺或木尺。

4.1.4 灯光

由 40W 日光灯管 4 支，或 80W 日光灯管 2 支为一组，与台面平行架设，灯源与检验台面距离 70 厘米。

4.2 操作方法

4.2.1 分拣

4.2.1.1 标准水貂与彩色水貂皮分开。

4.2.1.2 彩色水貂皮按色型分开。

4.2.1.3 各色型水貂皮按色型分开。

4.2.1.4 标准色水貂皮按比差色样和长短毛分开。

4.2.1.5 在以上分色基础上，按长度(尺码)分开。

4.2.2 验质定级

一摸，二抖，三目测，依据毛绒品质、皮板颜色、伤残程度综合评定。

4.2.2.1 以一手捏住水貂皮头部，另一手自颈部至尾根捋过，感知毛绒密度、针绒毛弹性，板质状况。

4.2.2.2 将水貂皮尾根部捏在手中，或压在检验台上，右手捏住头部，用腕力自然抖动；使毛绒恢复自然状态，目测周身毛绒成熟程度(包括毛绒密度，针绒毛比例，针毛覆盖情况，光泽度，毛绒是否平齐、灵活等)。

4.2.2.3 验看嘴、眼、耳的边缘部位，夏毛脱换状况和头部皮板颜色，断定剥皮季节。

4.2.2.4 翻转皮身，目测腹部毛绒发育状况，比较背、腹部毛绒有无差异和伤残程度及部位。

4.2.2.5 用手摸拭或用手指拨动局部毛绒(必要时可用嘴吹)，对不明显的伤针毛，灰白绒，轻微缠结毛，小破洞，小脱毛等断定伤残程度。

4.2.2.6 双手将两后腿向外拨开，目测露出皮板部分的色素深浅，皮板加工情况，有无霉变和虫蚀等。

4.2.3 公母皮鉴别

一手拿鼻部提起，另一手拿臀部，目测皮形和毛绒特征，同时摸拭下腹部两腿之间的生殖器遗痕，区分公母皮。

4.2.4 长度测量

见图 1。

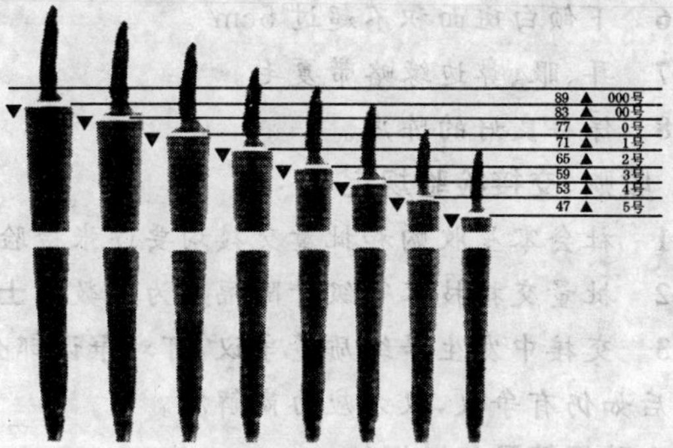

图 1 水貂皮长度测量方法

4.2.4.1 将皮放于台上，自鼻尖到尾根量出长度，确定皮码档次。

4.2.4.2 后裆开割不正的水貂皮，按自鼻尖至臀部最近点的垂直距离测量长度。

4.2.4.3 皮张长度介于两档之间（即上下尺码号交叉线）时，就下不就上。

5. 检验规则

5.1 标准色水貂皮毛色鉴别

5.1.1 选定黑褐色标准色样。

5.1.2 逐张皮以 4.2.2.2 项抖皮方法抖开毛绒，与色样对照，分出褐色、黑褐色、黑色、漆黑四类。

5.2 下列情况不按缺点论

5.2.1 缺尾不超过全尾的 50%。

5.2.2 腹部正中有垂直白线，宽度不超过 0.5cm。

5.2.3 公皮秃裆，面积不超过 $5cm^2$。

5.2.4　皮身有少数分散白针毛。

5.2.5　尾部和爪部板面略带灰色素。

5.2.6　下颌白斑面积不超过 5cm^2。

5.2.7　耳、眼、鼻边缘略带夏毛。

5.2.8　保存良好的陈皮。

5.3　收购、交接检验规定

5.3.1　社会零星收购和批量交接均要逐张检验。

5.3.2　批量交接技术等级升降幅度为张数的±5%。

5.3.3　交接中发生等级质量争议，可对争议部分进行复验。复验后如仍有争议，双方应协商解决。

6.　仓贮保管及包装运输

6.1　专用仓贮保管

6.1.1　仓贮条件：采用恒温、恒湿专用库，控制温度5℃～10℃，相对湿度＜65%。

6.1.2　保管要求

6.1.2.1　以细线绳通过水貂皮眼孔将 20 张皮扎成一把，并将各把皮悬挂于支架上，各把皮之间留有空隙；或将水貂皮打捆装入纸箱内，箱与箱之间留有空隙，以利通风。

6.1.2.2　库房要保持整洁，要有防虫、防鼠、防潮、防火等措施。

6.2　包装运输

6.2.1　包装

6.2.1.1　用纸箱做外包装，内衬防潮纸和包装纸，箱盖缝隙用胶带贴封，箱外加两道以上腰箍。

6.2.1.2　装 000 号、00 号皮的纸箱规格：108cm×40cm×36cm。

6.2.1.3　装 0 号至 2 号皮的纸箱规格：90cm×40cm×

36cm。

6.2.1.4 装3号以下皮的纸箱规格：70cm×40cm×36cm。

6.2.1.5 封箱前要填写装箱单一式三份，一份放入箱内，另一份贴在箱外，第三份留底备查。装箱单内容包括：箱号、品种、性别、级别、长度、颜色和张数。

6.2.2 运输要求

运输前要进行消毒检疫，运输工具应洁净、干燥，运输过程中应避免雨淋、潮湿、高温和火种。

附录A
（规范性附录）
水貂皮剥取加工技术要求

A.1 非痛苦屠宰

A.1.1 药物法

向水貂体内注射2%氯化琥珀胆碱水溶液，剂量1～2ml/头。

A.1.2 电击法

用220V电压，一头插入水貂肛门，一头让水貂咬住。

A.1.3 注射空气法

向水貂心脏内注入空气5～10ml。

A.2 剥皮

A.2.1 剪前掌

从腕关节处，剪除两前掌。

A.2.2 挑后裆

见图1，用工具刀从一后掌掌心，沿股内侧长短毛分界线挑至另一后掌掌心。从肛门后缘沿腹部正中线挑开尾皮至尾1/2 处,将肛门两侧挑开,剔除肛门周围无毛小三角皮。

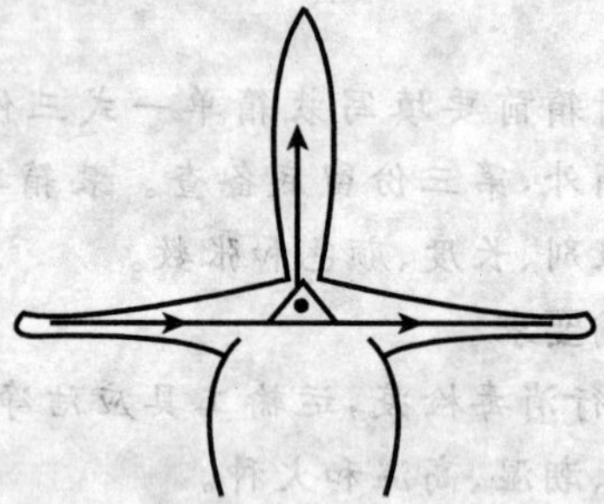

图 1 挑后裆示意图

A.2.3 剥皮

先剥离臀、后腿、尾部皮肉,抽出尾骨,以退套法将皮身剥成筒状,保持唇、耳、鼻、眼、须及后爪齐全。

A.3 刮油

用刀具或机械刮除皮板上的脂肪、残肉,用力适当,勿伤皮板。

A.4 修剪

从头至尾,剪除残留于皮板上的脂肪、残肉。

A.5 洗皮

用锯末洗皮。用手工或转鼓,先将皮板上的油脂搓擦干净,更换新锯末后再搓擦毛绒,直至毛面干净、显露光泽。

A.6 上楦

A.6.1 楦板

A.6.1.1 楦板材料

宜用红松、白松或泡桐木制作。

A.6.1.2 楦板规格

见表 1。

表 1 水貂皮楦板规格 （单位:cm）

距尖端	宽度	
	公楦板	母楦板
2	3.0	2.7
5	4.5	4.1
10	5.4	4.7
20	6.4	5.2
50	8.7	6.9
90	11.5	8.5
95	11.5	8.5
110	11.5	—

A.6.1.3 楦板开槽

见表 2。

表 2 水貂楦板开槽标准

楦 板(cm)	开槽部位	开槽要求
公楦板全长 110cm 板厚 1.1cm	正、反面，尖端至 10cm 之间，于中间部位	开浅槽，宽 2cm，深 0.2cm，并与中心透槽两侧的浅槽相通
	正面，距尖端 11cm，于中部始	开透槽，槽长 70cm，宽 0.6cm
	两侧面，距尖端 13cm 处始	开透槽，槽长 15cm，宽 0.2cm
	正、反面，距尖端 11cm 处始，于中心透槽两侧	开浅槽各一条，槽长 80cm，宽 2cm
	沿楦板周边（不含末端）	开浅槽，槽宽 0.3cm，深 0.3cm

续表 2

楦　板(cm)	开槽部位	开槽要求
母楦板 全长 95cm 板厚 1cm	正、反面、尖端至 10cm 之间，于中间部位	开浅槽，宽 1.5cm，深 0.2cm，并与中心透槽两侧的浅槽相通
	正面、距尖端 11cm，于中部始	开透槽，槽长 55cm，宽 0.6cm
	两侧面距尖端 11cm 处始	开透槽，槽长 15cm，宽 0.2cm
	正、反面、距尖端 11cm 处始，于中心透槽两侧	开浅槽各 1 条，槽长 70cm，宽 1.5cm
	沿楦板周边(不含末端)	开浅槽，槽宽 0.3cm，深 0.3cm

注 1　不按统一楦板上楦，酌情定级

A.6.1.4　新楦板处理

用碱水煮沸 30min 脱糅，继用清水漂净，晾干后使用。

A.6.2　上楦要求

A.6.2.1　楦板缠纸，后将皮呈毛朝外套在楦板上。

A.6.2.2　调整皮身各部位，并与楦板贴紧。

A.6.2.3　把两前腿皮，顺腿筒翻入胸内侧。

A.6.2.4　用适当图钉或订书钉固定(以下同)尾根及两侧臀皮下缘，使呈一直线。

A.6.2.5　横向拉宽尾皮使呈长三角形(全尾)，平铺于楦板上，并固定。

A.6.2.6　拉宽两后腿皮，顺直平铺于楦板上，使腹部同臀部边缘平齐，并固定。

A.7　烘干

A.7.1　设备

A.7.1.1　干燥室

安装进、排气道的密闭、洁净房间。

A.7.1.2　风干器

木质长方形排风箱与鼓风机组合配套。排风箱正面安装若干排风管，管长 8～10cm，内径 0.7～0.9cm（管壁厚度 1mm）。每管排风量 0.022～0.028m^3/min 。管间横向距离 13cm，纵向距离 6cm。

A.7.2　室内环境条件

温度 15℃～22℃，相对湿度 55%～65%。

A.7.3　干燥方法

将楦皮咀部嵌入排风管，楦皮间呈平行排列、互不接触。逐张倒梳楦皮毛绒使其竖立，以利水分散失。公皮吹风至 20—30h 时下楦，更换楦板、缠纸重新上楦，不再固定，继续吹风。母皮中途不更换楦板。

A.7.4　干燥时间

公皮 48～60h，母皮 36～48h，达到八九成干。

A.8　下楦

当皮达到八九成干时，先拔除固定物，后将皮退出楦板，再用铁丝逐张穿过眼孔，悬挂于通风处，晾干为止。

A.9　去灰整理

A.9.1　去灰

将回潮变软皮张用稍湿锯末搓擦，再用藤条或细竹条纵向轻轻拍击，或用转笼甩打，将毛绒中残留的锯末、灰尘除净。

A.9.2　整理

逐张检查。对去油污、锯末、灰尘不净的皮，要重新清理。对缠结毛要挑开、梳通，用细软毛巾顺毛绒揩拭干净。

三、水貂副产品利用规则

饲养水貂不仅能获得其主要产品——水貂皮，还有副产品如水貂肉、水貂油、水貂心等，有较高的利用价值。本规则适用于这些副产品的加工和利用。

(一)水貂副产品加工利用的规则

1. 及时加工处理 水貂各种副产品及时收集、加工、利用，也是一笔不小的收入。及时加工能确保加工质量。

2. 无公害处理 加工、销售要按正规渠道，不要违反有关规定私自流入市场。加工过程和废弃物要按卫生防疫规定处理，不能造成环境污染和公害。

(二)各种副产品利用价值、加工方法

1. 水貂肉

(1)水貂肉的利用价值 水貂肉肉质细嫩、营养丰富，属高蛋白、低脂肪肉类。据分析，水貂肉含干物质38.4%，其中蛋白质18%、脂肪12%、灰分5%，每100克发热量795千焦。

公水貂屠体重0.75～0.8千克，占体重的43%；母水貂屠体重0.4千克，占体重46%。

可食用或作为毛皮兽的精补饲料，还可用其生产优质的肉骨粉饲料。

(2)水貂肉加工要求 水貂屠体在剥皮时要保持清洁卫生，摘除骚腺、去除内脏及时冷存。患病水貂的屠体不能利用，要按卫生防疫法规定焚烧处理，不能随意丢弃。

2. 水貂油

(1)水貂油的利用价值　公貂屠体可获0.65～0.7千克脂肪，占体重的35.3%；母貂屠体可获0.3～0.34千克脂肪，占体重的32.2%。

水貂油浸透力强、易乳化、熔点低，是做高级化妆品的优质原料，而且对皮肤病治疗有效。水貂油也可以作为高能饲料添加到毛皮兽饲料中。

(2)水貂油加工要求　水貂皮加工中的原料生脂肪，去除杂质可直接交收购部门，也可以加热炼制成熟油保管利用。

3. 水貂心

(1)水貂心的利用价值　公、母水貂心重分别为12克、7.5克。中国农业科学院特产研究所以水貂心为主药制成的"利心丸"中药，对治疗风湿性心脏病和充血性心力衰竭有特效。

(2)水貂心加工要求　剥皮后及时采集水貂心脏，置烘箱中烘干或穿成串在室外晾干。干后及时销售。

4. 粪肥

(1)粪肥的利用价值　水貂的粪肥是高效优质的有机肥料。1只水貂年产粪肥28千克，厩肥量达380千克。

(2)粪肥加工要求　水貂粪要集中到积粪池中堆积发酵生物处理。可用于沼气池填料、供果农菜农肥田，还可以送肥料厂生产绿色环保有机肥料。注意贮存、运输过程不要给环境造成污染。

第九章　疾病防治标准化

一、水貂场卫生防疫规程

本规程适用于水貂场卫生管理、疫病监控和防疫全过程。

（一）水貂场卫生防疫工作方针

1. 预防为主、防重于治　卫生防疫工作重点放在预防上，从而防止或减少水貂发病，防患于未然。

2. 集中围歼、防止扩散　一旦发生疫情要迅速采取隔离封闭措施，歼灭病原，严防疫情扩散，以免造成更大损失。

3. 群策群力、通力协作　卫生防疫工作贯穿在全年各生产时期和所有养貂场、户之中，因此要充分发动群众，群策群力。卫生防疫又涉及到养殖户和畜牧兽医、卫生防疫等多个部门，各部门间也应通力协作，相互配合。

（二）水貂场的卫生管理

1. 饲料卫生

（1）饲料采购　绝对禁止从疫区采购饲料。

（2）严防饲料霉败变质　管好库房和冷库的卫生。

（3）清除有害物质　饲料在加工前先清除杂质和有毒害作用的部分，充分洗净后，方可加工调制。

2. 饮水卫生

（1）水源卫生　饮水要清洁干净，达到人、畜饮用水标准。

水源要严加管理，严防流入污水和有害物质。

(2)水具卫生　盛水用的饮水盒要经常清理污渍，定期消毒，防止真菌和藻类孳生。

3. 笼舍卫生

(1)笼网卫生管理　及时清理笼舍内的宿便、污物，严禁粪便在笼舍内贮留。

(2)垫草卫生管理　垫草是为防潮、防污和产仔保温而使用的。选购的垫草要清洁、干燥，无泥土、杂质和农药污染。垫草使用前要充分晾晒经日光紫外线消毒；妥善保管严防雨雪淋湿而发霉；发霉的垫草不能使用，用过的垫草也不能晒干后重复使用。用过的垫草要及时清理，采取焚烧或与粪便一起沤肥等生物消毒处理。

(3)笼舍地面卫生管理　笼舍地面上的粪便和垃圾要及时清理，保持地面清洁和干燥，防止泥泞和积水，每集中清理1次卫生后，应撒布生石灰消毒。

4. 饲料加工和喂食用具卫生

(1)饲料加工室卫生　饲料加工室应门窗密闭，防止老鼠等动物窜入，夏季门窗还应安装纱网，防止蚊蝇进入。墙壁和地面要经常用水清洗，生、熟饲料加工要相对隔离。饲料室内严禁存放有害有毒物质，严禁用有毒、有异味的药品进行消毒处理。

(2)饲料加工用具及喂食用具卫生　饲料加工器械、用具要保证卫生，加工饲料后随时用清水冲刷干净，并定期消毒处理。食盆、食碗要随脏随换，及时刷洗，平时每周用热碱水消毒1次，发生疫病时应每日消毒处理。

（三）水貂场的防疫管理

1. 消灭病原，切断传染途径

（1）加强种貂检疫　凡引进新种貂都应隔离饲养 2 周以上，并经检验、检疫，确认健康无病方可混群。

（2）预防相互传染　严禁猪、鸡、猫、狗等动物进入场内或混养于场内，以防互相传染疾病。确需在场内养有护院犬时，要进行疫苗接种防疫。

（3）设消毒槽　养貂场各出入口，应设消毒槽，以防带入病原。班组之间各种用具尽量不要串用，尤其发生疫情时更不允许串用，以防疫病传染扩散。

2. 定期预防接种

（1）购买质量可靠疫苗制品，妥善运输保管　正规单位、厂家生产的单价疫苗质量可靠，不宜使用犬用多价疫苗。运输和保管疫苗中要防止冷冻疫苗缓化和非冷冻疫苗被冻结。

（2）已超过有效期的陈旧疫苗不宜使用　疫苗从生产时期起保管期一般为 6 个月时间，超过有效期或保管期发生变质的陈旧疫苗，不能使用。

（3）预防接种的适机　种貂每年预防接种 2 次，第一次是在繁殖结束后，即仔貂断奶分窝后预防接种，继续留种的在第一次预防接种后的第六个月再次预防接种。幼龄水貂于断奶分窝后的第三周内进行第一次预防接种，留种幼龄水貂在第一次接种后的第六个月再次预防接种。幼龄水貂预防接种必须按上述时间要求分期分批及时进行，不能提前和错后。

（4）预防接种的程序　一般冷冻的疫苗（犬瘟热、脑炎）宜皮下接种，非冷冻的病毒性肠炎疫苗，属灭活疫苗，宜肌内深部接种。

(5)预防接种的疫苗种类　目前水貂要求接种犬瘟热疫苗、病毒性肠炎疫苗。水貂阿留申病要在种貂检疫的基础上对检测结果阳性的个体进行淘汰处理。

(6)注意预防接种的消毒　预防接种疫苗时，要注意严密消毒，每接种 1 只水貂后最好更换 1 次针头，注射器具要严密消毒，防止交叉感染或注射部位感染现象的发生。

(7)确保预防接种的质量　预防接种过程中要准确保证注射疫苗的相应剂量(以产品说明书为准)。皮下注射时，防止将注射器针头穿至皮外而造成漏注现象。

(8)预防接种时机　预防接种应在水貂群健康状况良好、免疫功能健全时进行；如果水貂群健康状况不良、免疫功能降低，应暂缓进行预防接种。如预防接种时恰遇相应的传染病发生，则应立即紧急接种，但紧急接种用的疫苗必须保证质量(说明书中注明可供紧急接种使用)。

3. 疫情的报告和围歼　依据国务院《重大动物疫情应急条例》认真执行。

(1)建立健全疫情监察报告制度　养貂场、户对传染病发生应高度警惕，遇有疑似传染病或传染病病例发生时，要及时上报所在地动物防疫监督机构，不许瞒报、漏报或迟报。

(2)确认疫情发生　当地政府兽医主管部门要立即对疫区采取隔离、封锁和围歼措施，严防疫情传播扩散，直至歼灭疫情并经过 1 个潜伏期的监测，确认病原已被歼灭并经终末消毒后，由当地政府宣布解除封锁令，方可解除封锁。同时，要发布疫情通报，动员邻近养貂场、户做好消毒、隔离等防范工作。

二、疾病防治的无公害处理标准

疾病防治的无公害规程主要有如下内容。

（一）疾病的预防

1. 观念 树立预防为主、防重于治的观念。

2. 原则 科学饲养，满足水貂营养需要，保持健康适宜的体况，增强机体抗病力。

3. 防止病从口入 许多疾病的侵袭往往与食物相关，要严格把握饲料、饮水卫生，防止污染。

4. 减少不良应激对水貂的影响 环境条件的变化对水貂健康影响很大，雨、雪、高温等天气变化时，更要加强饲养管理，采取预防措施，防止疾病发生。

5. 加强环境及饮、食具的消毒 消毒是杀灭传染源、防止疾病多发的得力措施。但消毒应注意使用环保所允许使用的消毒制剂，勿对环境造成污染和对人、畜造成毒害。

6. 预防用药 预防用药应多利用生态制剂、保健药物和中草药，少用抗生素类化学药品，以防水貂产生抗药性，影响发病时的治疗。

（二）疾病的治疗

1. 发生疾病及时治疗

（1）*发生可疑传染性疾病的治疗* 发生可疑传染性疾病时及时向当地动物防疫监督机构报告。如确诊为传染性疫情，要及时封锁、隔离、扑杀，以最快速度扑灭疫情。严禁漏报、瞒报或迟报，以防造成疫病传播和扩散。确诊为非传染疫情时，及时对患病水貂对症治疗，并根据治疗效果协助对病情的诊断。

(2)发生普通病的诊治　发生普通病时亦要及时确诊和对症治疗，减少水貂死亡损失。

(3)发生疑难病的诊治　出现疑难病例时，应及时报告有关部门和请专家会诊并对症治疗。有些疑难病例可能属于新发疾病，不要掉以轻心，要会同畜牧兽医、科研部门共同防治，有利于无公害处理。

2. 有针对性合理用药治疗　疾病的治疗必须依据确诊结果，对病原、病因有针对性地合理用药治疗，严禁盲目用药。注意用药的无公害，不使用国家明令禁止的药物。

（三）死尸、病料、可疑性传染源的无公害处理

依据中华人民共和国国家标准《畜禽病害肉尸及其产品无害化处理规程》(GB　16548-1996)认真执行。

病死水貂的尸体，严禁在场内露天地解剖；采集的病料及用过的疫苗、药剂、动物的排泄物、饮食具等被传染源污染的物品，不允许随意丢放，应焚烧或深埋进行无公害处理。

（四）疫情解除封锁的无公害处理

发生传染病的疫区需在确保疫情已扑灭、经当地政府批准，并经严格的终末消毒后方可解除封锁。

附　录

一、水貂常用饲料营养成分

水貂常用饲料营养成分见附表1。

附表1　常用饲料营养成分　(每100克中含量)注

名　称	水　分	蛋白质	脂　肪	糖	热　量（千焦）	灰　分	钙	磷	铁
牛　肉	57.1	17.7	20.3	4.0	1129.7	0.9	5.0	179.0	2.1
牛　肝	69.0	18.9	2.6	9.0	560.7	0.9	13.0	400.0	9.0
牛　心	80.0	8.6	10.9	—	556.5	0.5	8.2	185.0	5.4
牛　肺	91.0	7.3	1.4	—	175.7	0.4	7.0	81.0	6.7
牛　胃	81.0	14.8	3.7	—	389.1	0.5	22.0	84.0	0.9
牛　肾	82.0	12.8	3.7	0.3	359.8	0.9	17.0	198.0	11.4
牛　脑	77.1	10.4	11.0	0.2	589.9	1.3	13.0	351.0	0.9
牛　血	80.9	17.3	0.5	0.5	318.0	0.8	—	—	—
牛肠干	5.6	43.3	40.0	7.9	2364.0	3.2	51.0	452.0	13.5
牛　奶	87.0	3.1	3.5	5.0	297.1	0.7	120.0	90.0	0.1
牛奶粉	5.0	25.6	26.7	37.0	2012.5	6.0	900.0	75.0	—
奶渣子	12.0	55.0	8.5	21.0	1594.1	3.7	551.0	796.0	—
羊肉(肥瘦)	51.0	13.3	34.6	0.7	1535.5	0.7	11.0	129.0	2.0
羊肉(瘦)	67.0	17.3	13.6	0.5	811.7	1.0	15.0	168.0	3.0
羊　肝	68.0	18.5	7.2	4.0	648.5	1.4	9.0	414.0	6.6
羊　心	80.0	11.5	8.3	—	497.9	0.6	11.0	102.0	4.5

续附表1

名称	水分	蛋白质	脂肪	糖	热量（千焦）	灰分	钙	磷	铁
羊肺	76.0	20.2	2.8	—	443.9	1.2	17.0	66.0	9.3
羊胃	84.0	7.1	7.2	1.2	410.0	0.5	34.0	98.0	1.4
羊肾	79.0	16.3	3.2	—	393.3	1.3	48.0	279.0	11.7
羊血	82.2	16.4	0.5	0.1	297.1	0	0.8	—	—
羊脑	76.0	11.0	11.4	0	615.1	1.6	21.0	358.0	6.7
羊奶	87.0	3.8	4.1	4.3	288.7	0.9	140.0	106.0	0.1
猪肉(瘦)	52.6	16.7	28.8	1.0	1380.7	0.9	11.0	177.0	2.4
猪心	78.6	13.1	6.6	1.2	489.5	0	0.5	15.0	102.0
猪肝	71.0	20.1	4.0	3.0	535.5	1.8	11.0	270.0	25.0
猪肺	83.3	11.9	4.0	0	351.5	0.9	12.0	230.0	3.4
猪胃	80.3	14.6	2.9	1.4	334.7	0.8	—	—	—
猪小肠	91.2	7.2	1.1	0.3	167.4	0.2	3.0	13.0	—
猪大肠	76.8	6.9	15.6	0.1	702.9	0.6	—	—	—
猪血	95.0	4.3	0.2	0.1	79.5	0.5	69.0	2.0	15.0
驴肉	77.4	18.6	0.7	—	328.9	—	10.0	144.0	18.6
马肉	75.8	19.8	0.8	—	359.8	—	8.0	202.0	7.6
兔肉	77.2	21.2	0.4	0.2	372.4	1.0	16.0	175.0	2.0
鲜碎骨*	42.1	17.0	9.9	—	669.4	30.0	—	—	—
鱼骨粉*	10.0	50.0	8.6	—	1192.4	26.4	—	—	—
鸡肉	74.2	21.5	2.5	0.7	460.2	1.1	11.0	190.0	1.5
鸡肝	75.1	18.2	3.4	1.9	464.4	1.4	21.0	260.0	8.2
鸡头	71.0	1.2	8.0	—	556.5	17.2	—	—	—
鸡内脏	77.0	9.0	10.6	—	564.8	3.4	—	—	—

续附表 1

名 称	水 分	蛋白质	脂 肪	糖	热 量（千焦）	灰 分	钙	磷	铁
鸡 蛋	72.0	11.8	11.6	0.5	640.2	1.1	0.16	55.0	2.7
鸭 肉	74.6	16.5	7.5	0.5	569.0	0.9	0.07	—	—
鸭 蛋	70.0	13.0	14.7	1.0	778.2	1.8	0.15	71.0	—
小黄花鱼	—	10.0	0.46	44.0	184.1	0.52	18.8	74.8	0.006
带 鱼	—	13.0	5.32	0	418.4	0.78	17.2	115.0	0.006
鲮 鱼	—	10.1	0.94	0	213.4	0.56	28.0	89.6	0.01
偏口鱼	—	10.9	0.96	0.68	230.1	0.56	13.0	94.6	微
花平鱼	—	9.2	1.88	0	225.9	0.64	18.2	103.8	0.006
黄姑鱼	77.1	19.3	3.2	—	443.5	1.1	67.0	167.0	微
面条鱼	—	8.2	0.3	1.4	171.5	1.0	35.8	102.0	0.01
加吉鱼	—	10.8	2.3	1.7	267.8	0.68	32.4	98.0	0.012
明太鱼	79.0	18.0	1.6	0.2	364.0	1.2	151.0	167.0	—
鲐巴鱼	70.4	21.4	7.4	—	636.0	1.1	20.0	226.0	2.0
鲅 鱼	77.0	19.1	2.5	0.2	418.4	1.2	22.0	209.0	1.0
鳎 鱼	83.5	13.7	1.2	0.7	284.5	0.9	27.0	135.0	1.0
橡皮鱼	79.0	19.2	0.5	0	338.9	1.7	9.0	174.0	3.6
青 鱼	74.5	19.5	5.2	0	523.0	1.0	25.0	171.0	0.8
鲈 鱼	—	10.2	1.8	0.24	242.7	0.58	32.4	76.0	0.7
链 鱼	—	11.2	2.88	0	297.1	0.7	16.8	100.0	0.7
鲤 鱼	—	10.7	3.2	0	301.2	0.62	155.0	108.0	1.0
鲫 鱼	—	5.2	0.44	0.04	108.8	0.32	21.6	18.2	1.0
白漂子	75.8	19.3	2.2	0.1	405.8	2.6	60.0	93.3	1.1
泥 鳅	73.5	22.6	2.9	0	489.5	2.2	51.0	154.0	3.0

续附表 1

名称	水分	蛋白质	脂肪	糖	热量（千焦）	灰分	钙	磷	铁
乌贼	84.0	13.0	0.8	1.3	280.3	1.1	18.0	158.0	—
熟鱼干	20.0	59.1	2.6	6.9	1200.8	11.4	257.0	261.0	—
鱼粉	9.2	55.6	11.0	0	1343.1	24.2	70.5	2982.0	47.5
比目鱼	80.0	17.0	0.5	1.4	397.5	1.0	—	—	—
田螺	78.0	7.6	1.3	9.8	334.7	3.3	1268.0	84.0	14.5
毛蚶	88.9	8.1	0.4	2.0	184.1	0.6	—	—	—
河蚌	83.6	6.6	3.3	5.0	318.0	1.5	—	—	—
河虾	80.5	4.0	0.2	0.4	200.8	—	—	—	—
虾干	24.0	39.7	1.5	14.3	962.3	20.4	—	—	—
青蛙	87.0	11.9	0.3	0.2	213.4	0.6	—	—	—
蚕蛹干	8.0	60.0	20.0	7.0	1924.6	1.5	—	—	—
蜂蜜*	18.5	1.4	—	79.9	1393.3	0.2	—	—	—
干酵母	4.0	46.6	1.7	39.0	1498.0	0.8	106	1893.0	18.2
饲用酵母*	9.0	37.5	—	4.2	1255.2	9.5	—	—	—
酿造酵母*	—	—	—	—	—	—	—	—	—
面包酵母	—	—	—	—	—	—	—	—	—
鱼肝油	0.5	—	97.0	—	3765.6	3.5	—	—	—
小麦面	12.0	9.9	1.8	71.0	1418.8	1.1	38.0	268.0	4.2
小米面	11.0	13.8	7.8	63.0	1577.4	2.2	54.0	305.0	4.8
玉米面	12.0	9.0	4.3	72.0	1518.8	1.3	22.0	310.0	3.4
荞麦面	11.0	11.2	2.4	72.0	1481.1	2.1	10.0	180.0	1.2
黄豆	10.0	36.3	18.4	25.0	1719.6	5.0	367.0	571.0	11.0
豆汁	96.0	1.9	0.4	1.0	62.8	0.3	3.0	25.0	0.8
麦麸	11.0	13.9	4.2	56.0	1326.3	5.3	11.0	14.0	4.2

续附表1

名　称	水　分	蛋白质	脂　肪	糖	热　量 （千焦）	灰　分	钙	磷	铁
高粱面	16.3	7.5	2.6	70.8	1410.3	1.6	44.0	—	—
窝窝头	54.0	7.2	3.2	33.3	799.1	1.1	33.0	151.0	2.1
大麦面	11.9	10.5	2.2	66.3	1368.2	2.6	43.0	400.0	4.1
大米面	12.4	7.3	0.3	78.5	1447.7	0.3	1.2	—	—
豌豆面*	12.0	22.7	1.2	52.9	1343.1	4.9	—	—	—
亚麻油饼*	7.3	34.4	8.2	34.0	1493.7	7.4	—	—	—
黄豆饼*	11.3	43.0	1.2	32.2	1338.9	6.1	—	—	—
青　稞	12.6	10.1	1.8	70.3	1414.2	3.4	83.0	364.0	14.5
甘　薯	67.0	1.8	0.2	29.5	523.0	0.9	18.0	20.0	0.4
土　豆	80.0	2.3	0.1	16.6	322.2	0.8	11.0	64.0	1.2
胡萝卜	89.0	1.0	0.4	8.0	167.4	0.7	19.0	23.0	1.9
大头菜	88.0	1.5	0.1	7.0	146.4	1.2	39.0	37.0	1.0
大白菜	94.0	1.4	0.1	3.0	79.5	0.7	33.0	42.0	0.4
油　菜	92.0	2.0	0.1	4.0	104.6	1.4	140.0	52.0	3.4
菠　菜	96.0	2.0	0.2	2.0	75.3	2.0	70.0	34.0	2.5
小白菜	94.5	1.3	0.3	2.3	71.2	0.6	1.0	93.0	50.0
西红柿	96.0	0.6	0.3	2.0	54.4	0.4	8.0	37.0	0.4
海　带	12.0	8.2	0.1	57.0	1514.6	12.91	177.0	22.0	0.2
大　葱*	86.0	1.7	0.1	10.8	217.6	0.7	—	—	—

注：1. 据国内外部分食物营养成分表换算的。因饲料产地不同成分亦有差异，表中数据仅供参考

2. *据 H.M. 别瑞尔狭克和 B.A. 捷维特基等资料

3. 单位：水分、蛋白质、脂肪、糖、灰分为克，钙、磷、铁为毫克

二、水貂常用药物及剂量

水貂常用药物及剂量见附表2至附表14。

附表2 抗菌消炎药

药名	制剂	用法与用量	作用与用途
青霉素G(钠或钾)	粉针剂40万/支 80万/支 160万/支	肌内、皮下或静脉注射,2万～4万单位/千克体重,每日2～3次	抑制或杀灭革兰氏阳性细菌
氨苄青霉素(氨苄西林)	粉针剂0.5克/支	肌内、静脉注射,10～20毫克/千克体重,每日2～3次	广谱抗菌,但对绿脓杆菌、肺炎杆菌无效
羧氨苄青霉素(阿莫西林)	粉剂	11～22毫克/千克体重,口服,每日1次	同氨苄青霉素
甲氧苯青霉素(新青霉素Ⅰ)	粉针剂	肌内注射,5～10毫克/千克体重,每日3次	主要用于耐药性金黄色葡萄球菌引起的感染
苯唑青霉素(新青霉素Ⅱ)	胶囊0.25克 粉针剂0.5克	内服,30～40毫克/千克体重;肌内注射,15～20毫克/千克体重,每日2～4次	用于耐药性金黄色葡萄球菌,或与链球菌共同引起的混合感染
乙氧萘青霉素(新青霉素Ⅲ)	胶囊0.25克, 粉针剂0.5克	肌内、静脉注射,10～20毫克/千克体重,每日2～3次	用于耐药性金黄色葡萄球菌引起的呼吸道及泌尿系统感染
拜有利	针剂	肌内注射,0.05毫升/千克体重,每日1次,连用3天	革兰氏阴性、阳性细菌及支原体感染

续附表 2

药　名	制　剂	用法与用量	作用与用途
硫酸链霉素	粉针剂 1 克	肌内注射，10～20 毫克/千克体重，每日 2 次	主要抗革兰氏阴性细菌及结核分枝杆菌，对多数革兰氏阳性菌无效
硫酸双氢链霉素	粉针剂 1 克	肌内注射，10～20 毫克/千克体重，每日 2 次	同链霉素
硫酸新霉素	片剂 0.1 克，粉针剂 1 克	内服、肌内注射，5～10 毫克/千克体重，每日 2 次	广谱抗菌杀菌，对真菌、病毒无效
硫酸卡那霉素	针剂 2 毫升，0.5 克	肌内注射，5～10 毫克/千克体重，每日 3 次	广谱抗菌，但主要用于大肠杆菌、沙门氏菌、巴氏杆菌感染
硫酸庆大霉素	针剂 8 万单位	肌内注射，1 万单位/千克体重，每日 1 次	抗菌谱广，但不用于静脉注射
壮观霉素	针剂每毫升含 100 毫克	肌内注射，5.5～11 毫克/千克体重，每日 1 次	广谱抗菌，对支原体也有效
土霉素	片剂 0.1 克，粉剂 0.5 克	内服或肌内注射，20～40 毫克/千克体重，每日 2～3 次	广谱抗菌杀菌
金霉素	片剂 0.25 克	内服，20～40 毫克/千克体重，每日 2～3 次	同土霉素

续附表 2

药　名	制　剂	用法与用量	作用与用途
四环素	片剂 0.25 克 粉针剂 0.25 克	内服或肌内注射，20～40 毫克/千克体重，每日 2～3 次	同土霉素
强力霉素	片剂 0.1 克 粉针剂 0.1 克	内服或肌内注射，10～20 毫克/千克体重，每日 2 次	抗菌谱同土霉素，但作用更强，效果好
林可霉素	片剂 0.25 克 粉针剂 0.6 克	内服或肌内注射，11～22 毫克/千克体重，每日 2 次	主要对革兰氏阳性菌有效
克林霉素	片剂 0.15 克 粉针剂 0.15 克	内服或肌内注射，11～22 毫克/千克体重，每日 2 次	同林可霉素
红霉素	片剂 0.1 克 粉针剂 0.25 克	内服或肌内注射，5～10 毫克/千克体重，每日 2 次	主要对革兰氏阳性菌有效
北里霉素	片剂 0.1 克 粉针剂 0.2 克	内服或肌内注射，10～20 毫克/千克体重，每日 2 次	广谱抗菌素，但主要对革兰氏阳性菌效果好
泰乐菌素	针　剂	肌内注射，5～10 毫克/千克体重，每日 2 次	类似于北里霉素，但对支原体有特效
螺旋霉素	针　剂	肌内或皮下注射，10～20 毫克/千克体重，每日 1 次	同泰乐菌素

续附表 2

药　名	制　剂	用法与用量	作用与用途
多黏菌素 B	片剂 25 毫克 粉针剂 50 毫克	内服或皮下注射，5～10 毫克/千克体重，每日 2 次	主要用于革兰氏阴性菌感染
灰黄霉素	片剂 0.1 克	内服，20 毫克/千克体重，每日分 2～3 次服用，连用 30 天	主要用于浅部皮肤真菌感染
两性霉素 B	粉针剂 50 毫克	静脉注射，4 毫克/千克体重，每 2 日 1 次	主要用于全身性深部真菌感染
克霉唑	片剂 0.5 克，软膏 5%	片剂内服，软膏剂外用	主要用于皮肤癣，作用与灰黄霉素相同
制霉菌素	片剂 25 万单位	内服，1 万～2 万单位/千克体重，每日 3 次	主要用于肠管真菌性感染
氟哌酸	粉　剂	内服，5 毫克/千克体重，每日 3 次	广谱抗菌，对革兰氏阴性菌作用强
恩诺沙星	粉剂， 针剂 2.5%	内服或肌内、静脉注射，2.5～5 毫克/千克体重，每日 2 次	广谱抗菌药物
磺胺噻唑	片剂 0.5 克 针剂 1 克	片剂内服，首次 0.2 克/千克体重，维持量和 0.1 克/千克体重，每日 2 次；针剂静脉注射，首次 0.14 克/千克体重，维持量为 0.07 克/千克体重，每日 2 次	广谱抑菌

续附表 2

药 名	制 剂	用法与用量	作用与用途
磺胺嘧啶	片剂 0.5 克 针剂 1 克	同磺胺噻唑	广谱抑菌。为减少副作用，内服时配等量的碳酸氢钠
复方新诺明	片剂 0.5 克 针剂 2 毫升	片剂内服；针剂肌内注射，20～40 毫克/千克体重，每日 2 次	同磺胺嘧啶
磺胺二甲嘧啶	片剂 0.5 克 针剂 0.4 克	片剂内服；针剂肌内、静脉注射，0.07～0.14 毫克/千克体重，每日 2 次	同磺胺嘧啶
磺胺脒(胍)	片剂 0.5 克	内服，0.2 克/千克体重，每日 2 次	主要用于肠炎、腹泻等消化道感染
磺胺结晶	粉 剂	外 用	主要用于防治外伤感染
二甲氧苄氨嘧啶	片剂 0.1 克	内服，5～10 毫克/千克体重，每日 2 次	本药单独使用时少见，易产生耐药性，主要与其他抗菌药合用
复方敌菌净	片剂 0.1 克	内服，20～30 毫克/千克体重，每日 2 次	主要用于肠管细菌感染
病毒灵 (吗啉双胍)	片剂 0.1 克	内服，每次 0.1 克，每日 2 次	可用于流感、腮腺炎、水痘、疱疹、麻疹等，可抑制部分病毒

附表3 抗寄生虫药

药名	制剂	用法与用量	作用与用途
左旋咪唑	片剂25毫克，针剂0.1克/2毫升	内服，10～20毫克/千克体重；肌内注射，5～10毫克/千克体重	广谱驱虫药，对多种线虫有效
噻苯咪唑	片剂0.25克	内服，50毫克/千克体重	广谱、高效、低毒驱虫药
丙硫苯咪唑（抗蠕敏）	片剂50毫克	内服，10～20毫克/千克体重	广谱驱虫药，可驱多种线虫、绦虫
哈乐松	粉剂	内服，50毫克/千克体重	有机磷驱虫剂，可驱蛔虫、钩虫、蛲虫等
敌百虫	片剂0.5克	内服，75毫克/千克体重	同哈乐松
阿维菌素	油剂1%	皮下、肌内注射，0.04毫升/千克体重	高效、广谱驱线虫及体外寄生虫，但对绦虫、吸虫无效
伊维菌素	注射液1%	皮下、肌内注射0.04毫升/千克体重	同灭虫丁
氰乙酰肼	注射液10%	皮下注射，15毫升/千克体重	驱除肺线虫，有一定毒性
灭绦灵	片剂	内服，100毫克/千克体重	驱除绦虫、吸虫等
己胺嗪	粉剂	内服，60毫克/千克体重	驱除肺丝虫、心丝虫等
碘化噻氰胺	粉剂	内服，6.6～11毫克/千克体重，连用7天	驱心丝虫及肠道线虫

续附表 3

药 名	制 剂	用法与用量	作用与用途
吡喹酮	粉 剂	内服，2.5～5 毫克/千克体重	驱绦虫及吸虫
槟 榔	—	内服，20～30 克/次·只	驱绦虫
南瓜子	—	内服，200～300 克/次·只	驱绦虫
硫双二氯酚（别丁）	粉 剂	内服，0.2 克/千克体重	驱杀吸虫
六氯乙烷（吸虫灵）	粉 剂	内服，0.2 克/千克体重	驱杀吸虫
硫酸喹啉脲	针剂 10 毫升；0.1 克	皮下注射，0.25 毫克/千克体重	抗焦虫药
灭滴灵（甲硝唑）	针剂 片剂	针剂静脉注射，10 毫克/千克体重；片剂内服，20 毫克/千克体重	驱除滴虫
阿的平	粉 剂	内服，50～100 毫克/千克体重，每日 2 次	驱鞭原虫药

附表4　麻醉、镇静药

药名	制剂	用法与用量	作用与用途
乙醚	液体	吸入麻醉0.5～4毫升	全身麻醉
氯丙嗪	片剂 针剂	内服，3毫克/千克体重；肌内注射，1.1～6.6毫克/千克体重	用于镇静，解除平滑肌痉挛
静松灵	针剂2%	肌内注射，1.5～2毫克/千克体重	使骨骼肌松弛，用于保定
速眠新	针剂	肌内注射，0.04～0.05毫升/千克体重	使骨骼肌松弛，用于保定
安定	片剂 针剂	内服，5.5毫克/千克体重；肌内注射，2.5～20毫克/次·只	有镇静、催眠、抗惊厥作用
利眠宁	片剂 针剂	内服，3～7毫克/千克体重；肌内注射，2～4毫克/千克体重	同安定，但作用稍弱
扑痫酮	片剂	内服，55毫克/千克体重	有镇静、抗癫痫作用
氯胺酮	针剂	静脉注射，5～7毫克/千克体重	用于保定、麻醉
龙朋	针剂	静脉注射，0.5～1毫克/千克体重	安定、镇痛、肌肉松弛
普鲁卡因	粉剂	滴于黏膜表面3%～5%；浸润麻醉，0.5%；传导麻醉，2%～5%；封闭疗法，0.5%	表面麻醉、局部浸润麻醉、神经干麻醉，用于消除患部疼痛

续附表 4

药　名	制　剂	用法与用量	作用与用途
丁卡因	针　剂	表面麻醉0.5%～1%	主要用于表面麻醉
可卡因	针　剂	表面麻醉1%～5%	主要用于表面麻醉
利多卡因	针　剂	同普鲁卡因	同普鲁卡因

附表 5　中枢神经兴奋药

药　名	制　剂	用法与用量	作用与用途
安钠咖	针剂20%	皮下、肌内、静脉注射，0.024～0.048毫升/千克体重	强心、利尿、兴奋大脑皮层
氨茶碱	针剂25% 片剂0.1克	肌内、静脉注射，2～4毫克/千克体重；内服，3～5毫克/千克体重	松弛支气管、胆管、血管平滑肌，用于哮喘、胆管绞痛、心绞痛，也可用于强心利尿
樟脑磺酸钠	针剂10%	皮下、肌内、静脉注射，每次每只0.05～0.1克	对呼吸中枢、血管运动中枢、心脏等有兴奋作用
尼可刹米	针剂25%	皮下、肌内、静脉注射，每次每只0.1～0.5克	兴奋呼吸中枢，用于呼吸中枢抑制
戊四氮	针剂10%	皮下、肌内、静脉注射，每次每只0.02～0.1克	同尼可刹米
士的宁	针剂1毫升(2毫克)	皮下注射，每次每只0.2～0.6毫克	兴奋脊髓，进而兴奋骨骼肌、延髓的呼吸中枢和血管运动中枢

附表 6　解热、镇痛、抗风湿药

药　名	制　剂	用法与用量	作用与用途
复方氨基比林	针剂 10%	皮下、肌内注射，每次每只 0.5～1 毫升	解热、镇痛、消炎、抗风湿
安乃近	针剂 30%	皮下、肌内注射，每次每只 0.3～0.6 克	解热、镇痛、消炎、抗风湿，解热作用较强
保泰松	片剂 0.1 克	内服，每次 20 毫克/千克体重	解热、镇痛、消炎、抗风湿，主要用于抗风湿
水扬酸钠	针剂 10%	静脉注射，每次每只 0.1～0.5 克	解热、镇痛、消炎、抗风湿，主要用于抗风湿
阿司匹林	片剂 0.3 克	内服，每次每只 0.2～1.0 克	有较强的解热、镇痛、抗风湿作用
萘普生（消痛灵）	片剂 0.25 克	内服，首次 5 毫克/千克体重，维持量为 1.2～1.8 毫克/千克体重	消炎、镇痛、解热
吲哚美锌（消炎痛）	片剂 25 毫克	内服，2 毫克/千克体重	消炎、镇痛、解热

附表 7　作用于心血管系统药

药　名	制　剂	用法与用量	作用与用途
洋地黄毒甙	粉　剂 针　剂	内服，0.033～0.11 毫克/千克体重，分两次用；静脉注射全效量为 0.006～0.012 毫克/千克体重，维持量为全效量的 1/10	加强心肌收缩力，用于强心

续附表 7

药　名	制　剂	用法与用量	作用与用途
黄夹甙(强心灵)	针　剂	静脉注射，每次每只 0.88～0.18 毫克	强心作用迅速，用于心力衰竭
盐酸肾上腺素	针　剂	皮下、肌内注射，每次每只 0.1～0.5 毫升	用于心脏骤停、过敏性休克、局部止血
麻黄碱	片剂 25 毫克 针　剂	片剂内服；针剂肌内注射，每次每只 10～30 毫克	治疗支气管哮喘，消除黏膜充血
多巴胺	针　剂	静脉注射，每次每只 200 毫克	用于各种类型的休克，尤其是伴有肾功能不全，心输出量降低的休克

附表 8　作用于呼吸系统药

药　名	制　剂	用法与用量	作用与用途
氯化铵	片剂 0.3 克	内服 100 毫克/千克体重	祛痰、利尿
咳必清	片剂 25 毫克	内服，每次每只 0.05 克	镇　咳
可待因	片剂 30 毫克	内服，每次每只 5 毫克	镇咳、镇静、镇痛

附表 9　作用于消化系统药

药　名	制　剂	用法与用量	作用与用途
小苏打	片剂 0.3 克 针剂 5%	片剂内服；针剂静脉注射，每次每只 0.2～0.5 克	健胃、缓解酸中毒

续附表 9

药 名	制 剂	用法与用量	作用与用途
干酵母	片剂 0.3 克	内服每次每只 1～2 片	助消化，补充维生素
乳酸菌素	片剂 0.5 克	内服每次每只 1～2 片	助消化、止酵
矽炭银	片 剂	水貂 0.1～0.5 克；狐、貉 0.5～1.0 克	吸附收敛，用于消化不良、腹泻
胃长宁	针 剂	肌内注射，0.01 毫克/千克体重	抑制平滑肌收缩及胃酸分泌
胃复安	针 剂	肌内注射，0.01 毫克/千克体重	止 吐
阿托品	针 剂	肌内注射，0.04 毫克/千克体重	抑制平滑肌痉挛
新斯的明	针 剂	肌内注射，1 毫克/千克体重	促进平滑肌蠕动
液体石蜡	油 剂	内服，每次每只 10～30 毫升	缓泻，软化粪便
植物油	油 剂	同液体石蜡	同液体石蜡
鞣 酸	粉 剂	内服，每次每只 1～2 克	收敛，止泻
白陶土	粉 剂	内服，每次每只 5～10 克	吸附、止泻
活性炭	粉 剂	内服，每次每只 5～10 克	吸附、止泻
止泻宁	片 剂	内服，每次每只 2.5 毫克	止 泻
硫酸钠	粉 剂	内服，0.2～0.4 克/千克体重	催 泻
阿扑吗啡	粉 针	静脉注射，0.04 毫克/千克体重	催 吐

附表 10　作用于泌尿系统药

药　名	制　剂	用法与用量	作用与用途
氢氯噻嗪（双氢克尿塞）	针　剂	静脉、肌内注射，每次每只 10～20 毫克	利尿，用于各种水肿
速尿（呋喃苯胺酚）	针　剂	静脉注射，2～4 毫克/千克体重	利尿、消炎
氯噻酮	片　剂	内服，每次每只 5～10 毫克	利　尿
汞撒利	针　剂	肌内注射，每次每只 5～10 毫克	利　尿
乌洛托品	针　剂	静脉注射，每次每只 0.1～1 克	利尿，消炎
甘露醇	针剂 20%	静脉注射，每次每只 10～50 毫升	脱水，利尿
山梨醇	针剂 25%	静脉注射，每次每只 10～50 毫升	脱水，利尿

附表 11　作用于生殖系统药

药　名	制　剂	用法与用量	作用与用途
催产素	针　剂	肌内注射，2～10 单位	促进子宫收缩，止血，排出死胎
垂体后叶素	针　剂	肌内注射 0.2～0.5 毫升	同催产素
麦角新碱	针　剂	肌内注射 0.5～1 毫升	促进子宫收缩，用于产后出血
黄体酮	针　剂	肌内注射，貂 0.5～1 毫升，狐、貉 1～2 毫升	治疗先兆性和习惯性流产
甲基睾丸酮	片剂 5 毫克	内服，貂 0.5～1 毫克	用于公兽催情

续附表 11

药　名	制　剂	用法与用量	作用与用途
绒毛膜促性腺激素	粉针剂	肌内注射，每次每只 100～500 单位	促进母貂排卵，提高受胎率

附表 12　抗过敏药

药　名	制　剂	用法与用量	作用与用途
异丙嗪	片　剂 针　剂	片剂内服，每次每只 50～200 毫克；针剂肌内注射，每次每只 25～100 毫升	抗过敏
吡甲胺(扑敏宁)	片　剂 针　剂	片剂内服；针剂肌内注射，1 毫克/千克体重	抗过敏
吡拉明(新安替根)	片　剂 针　剂	片剂内服；针剂肌内注射，5～10 毫克/千克体重	抗过敏
苯海拉明(乘晕宁)	片　剂 针　剂	片剂内服；针剂肌内注射，1 毫克/千克体重	治疗因运输而造成的呕吐、眩晕

附表 13　用于消毒防腐药

药　名	制　剂	用法与用量	作用与用途
苯酚(石炭酸)	结晶 500 克/瓶	2%～5%用于环境消毒，1%用于皮肤止痒	杀灭细菌、真菌及某些病毒
煤酚皂(来苏儿)	溶液，500 毫升/瓶	5%的浓度用于环境消毒；1%～2%用于手、器械消毒	其作用比苯酚大 3 倍，毒性比苯酚小

续附表 13

药名	制剂	用法与用量	作用与用途
松馏油	液体，500毫升/瓶	外用 2%～5%浓度	防腐、杀虫、刺激感觉神经末梢
鱼石脂	液体，500毫升/瓶，软膏	外用 30%～50%浓度	消炎、消肿、促进肉芽生长
乙醇	溶液	外用，70%～75%浓度	用于皮肤、针头及器械的消毒
甲醛	溶液	熏蒸消毒或 4%～8%溶液喷雾消毒	杀菌力强，对芽胞、真菌、病毒也有效
露它净	溶液	36%浓度，外用	外用防腐消毒药
氢氧化钠（苛性钠）	结晶	3%～5%浓度用于环境消毒	能杀灭细菌、芽胞、病毒、虫卵
氧化钙（生石灰）	硬块	10%～20%石灰乳，用于环境消毒	主要杀灭细菌
硼酸	无色结晶或白色粉末	2%～4%浓度用于冲洗眼、口腔；3%～5%溶液冲洗创伤	抑制细菌生长，刺激性小
过氧化氢（双氧水）	溶液	1%～3%溶液冲洗化脓创面，0.3%～1%溶液冲洗口腔	用于清洗消毒创面
高锰酸钾	结晶	1%溶液冲洗黏膜、创伤、溃疡	有抗菌、除臭、收敛作用
过氧乙酸	液体	熏蒸或 5%溶液喷雾消毒笼、舍	杀灭细菌、芽胞、真菌及病毒
漂白粉	粉剂	5%～20%溶液消毒笼舍，每 1000 毫升饮水加 0.3～1.5 克用于消毒饮水	同过氧乙酸

续附表 13

药　名	制　剂	用法与用量	作用与用途
龙胆紫(甲紫)	粉　剂	1%～3%溶液用于外伤消毒	抑制革兰氏阳性菌、真菌
硫柳汞	粉　剂	0.1%溶液用于皮肤消毒,0.02%溶液用于黏膜消毒	抑制细菌、真菌
新洁尔灭	液　体	0.1%溶液用于皮肤、器械消毒,0.01%溶液用于黏膜消毒	杀死细菌,但对真菌、芽胞无效,对病毒的作用也弱

附表 14　特效解毒药

药　名	制　剂	用法与用量	作用与用途
碘解磷定	针　剂	静脉注射,20 毫克/千克体重	用于有机磷中毒,常配合阿托品使用
氯磷定	针　剂	静脉注射,20 毫克/千克体重	同碘解磷定
双复磷	针　剂	静脉注射,20 毫克/千克体重	同碘解磷定
二巯基丙醇	针　剂	静脉注射,4 毫克/千克体重	用于砷、汞、锑等重金属盐中毒
依地酸钙钠	针　剂	静脉注射,20 毫克/千克体重	用于铅等重金属盐中毒
亚硝酸钠	针　剂	静脉注射,20 毫克/千克体重	用于氰化物中毒
硫代硫酸钠(大苏打)	针　剂	静脉注射,20 毫克/千克体重	用于氰化物中毒及重金属盐中毒

续附表 14

药　名	制　剂	用法与用量	作用与用途
美　蓝	针　剂	静脉注射，1 毫克/千克体重或 10 毫克/千克体重	小剂量时可解亚硝酸盐中毒，大剂量时可解氰化物中毒
解氟灵（乙酰胺）	针　剂	肌内注射，0.1 毫克/千克体重	用于有机氟中毒

三、水貂场常用统计和计算方法

1. 受配率　用于配种期考察母貂交配进度的数字。

$$\text{受配率}(\%)=\frac{\text{达成配种母貂数}}{\text{参加配种母貂数}}\times 100$$

2. 产仔率　用于调查母貂妊娠情况。

$$\text{产仔率}(\%)=\frac{\text{产仔母貂数}}{\text{实配母貂数}}\times 100$$

3. 胎平均产仔数　用于了解母貂产仔能力的测定。

$$\text{胎平均产仔数}=\frac{\text{仔貂数（包括死胎和死仔貂）}}{\text{产仔母貂数}}$$

4. 群平均育成数　用于了解整个貂群的生产水平。

$$\text{群平均育成数}=\frac{\text{群成活仔貂数}}{\text{群参加配种母貂数}}$$

5. 成活率　用于衡量仔貂、幼龄水貂成活率。

$$\text{成活率}(\%)=\frac{\text{成活仔貂数}}{\text{所产仔貂数}}\times 100$$

6. 年增殖率 用于衡量年度貂群变动情况。

$$年增殖率(\%)=\frac{年末貂数-年初貂数}{年初貂数}\times100$$

7. 死亡率 用于了解貂群发病死亡情况。

$$死亡率(\%)=\frac{死亡貂数}{全群貂数}\times100$$

主要参考文献

1 张志明.《实用水貂养殖技术》. 北京：金盾出版社，2001

2 佟煜仁.《中国毛皮兽饲养技术大全》. 北京：中国农业科技出版社，1990

3 赵佐仙等.［水貂皮（生皮）国家标准］待批修订稿（代替 GB/T 14789-0993）

4 钱国成等.《新编毛皮动物的疾病防治》. 北京：金盾出版社，2006

5 国家标准.《畜禽病害肉尸及其产品无害化处理规程》(GB 16548-1996)

6 国家林业局.《毛皮野生动物（兽类）驯养繁育利用技术管理暂行规定》.（林护发 2005　91 号）